熊本学園大学・水俣学ブックレット13

いのちをつなぐ

―水俣、福島、東北―

水俣学研究センター「ブックレット」刊行にあたって

水俣市月浦で２歳11カ月、５歳11カ月の二人のあどけない女児の発病を契機に水俣病が公式に確認されたのは1956（昭和31）年５月で、今年で50年になる。

昭和30年代には日本は「もはや戦後ではない」と言われて、まさに高度経済成長の坂道をなりふりかまわず駆け上がる真っ只中であった。経済発展とともに技術もまた驚異的に発達し続けており、わたしたちの暮らしは確実に豊かに便利になりつつあった。戦中、戦後の飢えから飽食の時代へさしかかろうとしていた。メディアも活字とラジオの時代からテレビ、映像の時代へと大きく転換しようとしていた。夢であった自家用車ももうそこまで、手がとどくところまできていた。街に自動販売機がお目見えして人々を驚かせた。

そのような経済発展に伴って、国際的にも日ソ平和条約が締結され、国連加入が認められて経済大国の道を進んでいた。華々しいメジャーな動きに取り残されるように、その裏で、各地で負の部分が蓄積されていたのである。1970年代に全国的に起こった公害反対運動と公害裁判などはそのマグマの噴出であり、棄民《きみん》の蜂起であった。

水俣では当時の先端技術で利便性がすぐれたプラスチック、ビニールが華々しく登場し、時を同じくして漁業など一次産業が衰退し、人口の都会への流出が進行していた。そのような背景に水俣病が起こったことは象徴的であった。

それから半世紀たった今、私たちは水俣病事件をさまざまな視点から再検証して、現代の問題に迫ろうとしている。市民に開かれた参加型の研究、地元に還元できる研究の拠点を目指して水俣学研究センターを熊本学園大学（熊本市）と水俣市現地に開設した。そして多様な活動を展開しようとしている。今回の「ブックレット」の発刊もその一つである。

ＩＴ技術が飛躍的に進歩・普及して学習や参加の形態も大きく変化している。インターネット、ホームページ、ウェブサイトetc.…この時代にあえて活字出版を選んだのは、多くの人に水俣病を取り巻くさまざまな情報を提供するばかりでなく、水俣病が先端技術の負の部分であったことも意識してのことでもある。懐かしく、やさしく、平易で思わず手に取りたくなるような、それでいて現在の時を刻む活字（ブックレット）を目指したい。

研究センターの編集、出版物としては専門性がないという批判が出ることも予想している。それがまた、オープンリサーチセンターの特徴の一つであり、目指すものの一つでもある。気軽に多くの方に読まれ、利用されることを願っている。

2006年５月１日　熊本学園大学 水俣学研究センター長 原田正純

はじめに

二〇一一年三月十一日の東日本大震災とそれに続く福島原発事故は、私たちの暮らしや社会のあり方を根底から問い直すものでした。この未曾有《みぞう》の災害によって失われたいのちと暮らしの重さを受け止めていかなくてはならないと考えています。またそれを何とか支えようと日本全国や海外からもさまざまな支援がなされたことも大事なことです。被災地と被災者の方々のいまなお困難な状況に対して、熊本にいる私たちも何ができるのか考えなければなりません。

アメリカでは9・11ツインタワーの爆破事故というのが大きな事件として今も記憶に残っていきます。日本では3・11。百年後も語り継がれる災害であろうと思っています。大地震、そして続く津波、福島第一原発事故と、世界中に報道が流れました。

私どもも熊本におり、最初はテレビで第一報を見ていました。この大震災によって亡くなられた方、いわゆる関連死と呼ばれている方、そして行方不明になっている方は、公式の統計の最新の発表で二万人を超えています。二万を超える命が失われた事件でありました。さらに、住宅を失った方々もたくさん出ています。また原発事故によって、福島県内の方々が自分の故郷を離れざるを得なくなり、福島県では転居した方が、これも公式の統計で十市町村内合わせて十万人を超えるという数字が発表されています。そしてその内の一万五千人の子どもたちが、県内外に転校を余儀なくされている。一万五千の子どもの内、約半数が県外に転校しています。

こうした震災、津波、そして原発事故を私たちはどう考えていくのか。確かに熊本と東北は遠いですが、そのことの意味というのを考えていきたい。その考え方の基本として、一言で言うと「いのちをつなぐ」と表現できるのではないかと思っています。

「いのちをつなぐ」と題しましたのには、二つの意味があります。今も申しましたけど、二万数千の失われた方の命と、そして今なお東北などで困難を抱えながら生きておられる方々の暮らし、そして私たちとは繋《つな》がっていく必要があるのではないかと思っています。いのちという言葉、英語で言うとライフですが、生活と生命とそれから人生、こういう三つの意味を持っています。その三つの意味において、今の東北の方々と、そして死者、私たちと、どう繋がっていくのかということを考えていきたいというのが一点です。

もう一点は、次の世代を考えていくということです。冒頭に申しましたように、この3・11は百年後にもなお語り継がれる大きな災害であり、大きな事件であったと思います。私たちは、来る次の世代にどうつなげていくのかということを考えていきたいと思います。(花田昌宣)

目次

はじめに

福祉環境学フォーラム
「いのちをつなぐ、東北、熊本――3・11以降の福祉と環境を考える」記録

第一部　講　演
東　俊裕氏　もし、あの日私があの場所にいたら――車いす障害者からの語り　10
炭谷　茂氏　福祉と環境の未来を語ろう　22
第二部　パネルディスカッション
いのちをつなぐ――今私たちにできることは　34
中地重晴／下地明友／花田昌宣

水俣と福島の現状
水俣病の経験と福島の被害―水俣学からの問題提起　花田昌宣　62
放射能に追い出された双葉町の健康調査と放射能汚染　―水俣学の視点から　中地重晴　90

福祉環境学フォーラム

「いのちをつなぐ、東北、熊本――3・11以降の福祉と環境を考える」記録

いのちをつなぐ、東北、熊本――3・11以降の福祉と環境を考える

第一部　講演

東　俊裕 氏
内閣府障がい者制度改革推進会議室元室長、元熊本学園大学社会福祉学部教授、弁護士

炭谷　茂 氏
恩賜財団済生会理事長、環境福祉学会副会長、ソーシャルファームジャパン理事長

第二部　パネルディスカッション

〈パネラー〉
中地重晴　福祉環境学科教授、環境化学、環境マネジメント論
下地明友　福祉環境学科教授、多文化精神医学
花田昌宣　福祉環境学科教授、水俣学研究センター長、社会政策、水俣学

【二〇一二年六月三十日、熊本学園大学社会福祉学部福祉環境学科、水俣学研究センター、社会福祉研究所および社会関係学会の共催で、福祉環境学フォーラム「いのちをつなぐ、東北、熊本―3・11以降の福祉と環境を考える」が、本学高橋守男記念ホールで開催された。ここに収録するのは、当日のフォーラムの記録を再編集したものである。編集に際し、司会者の発言、学生発表等を割愛した。編集は花田昌宣が行った】

第一部　講演

「もし、あの日私があの場所にいたら──車いす障害者からの語り」

東　俊裕

3・11東京

こんにちは、内閣府障がい者制度改革推進会議室担当室長（講演当時）の東と申します。地震、津波、そして原発事故によって障害者はどうなったのかという観点から、これまで障がい者制度改革推進会議において震災に関するテーマで二回議論してまいりました。

実は、障がい者制度改革推進会議の第一次意見を経て、障害者基本法を改正するということになりました。震災当日の三月十一日、その改正案を政府として出すかどうかという推進本部──内閣総理大臣を長とする会議ですが、その会議が午前中にあってこれでOKということになりましたが、基本法改正に向けてこれからやるぞという、その日の昼に地震があったのです。

私は内閣府がある合同庁舎の四階におりました。午後二時四十分すぎ、地震が発生して内閣府もかなり揺れました。外を見ると東京の上空に黒い煙が見えたり、近くにある大きなビルの鏡になっている窓の風景が揺れたりしている。もちろん自分のところもゆらゆら揺れているのです。何かすごく長く続いている感じでして、吐き気がするような、酔うような気がしました。

内閣府が入っているビルもすぐ電気が止まって、僕たち車いすの障害者はエレベーターが止まったために出られなくなってしまいました。それでどうしようかなと話し合っていましたが、テレビをつけたら現場の状況が刻々と映し出され、こんなにひどい状況になっているのかと初めて知ったのです。その日は早めに夕方五時頃帰りましたけど、皆に協力してもらって徐々に階下に降り、結局車で家に着いたのが朝の二時だったです。九時間くらいかかって帰りました。

被災地の障害者の安否

東京でもいろいろ被害が出て大変な状況もあったのですが、東北の状況については、あの後、テレビで被害の状況をこれでもか、これでもかみたいに放送されました。しかし、報道の中で障害者たちは全く出てこなかったですよね。

内閣府には防災の部署もありますけれども、私たちは直接何かできるポストじゃないので、何をどうしたらいいのかということで非常に悩みました。少なくとも一定時期を過ぎた後で、推進会議で取り上げて議論しようということにしました。三月から各障害者団体が行政には任せられないということで現地に支援に入りました。それらの団体に一番新しい情報をまとめて推進会議に出してもらうということになり、かなり多くの団体から安否確認の現状という形で情報が来ました。しかし、団体が何をやっているかということはまあ分かるのですが、現地の障害者がどうなっているのか、なかなか見えてこないのです。

障害者は地域の中でどこに住んでいるかというと、一つは入所施設です。次は在宅であり、かつ昼間は通所施設に通っているというパターン。第三に居宅において訪問系のサービスを受けているパターンになります。最後は、障害があるけれども全く福祉や行政と繋《つな》がりがない、本当に地域の中だけで生活している、この四つぐらいのパターンがあります。

大震災での障害者の死亡率は二倍

被害状況について、施設関係にいる障害者の状況は結構正確に分かります。通所関係も通所事業所がそれなりにきちっとしているところの情報は分かる。訪問系サービスを受けている障害者については、訪問系サービスを利用している障害者は少ないので、なかなか上がってこない。ましてやサービスに繋がっていない障害者の状況がどうなっているのか、その辺はまったく分かりませんでした。

では、どこで安否を確認できるか。障害者団体は会員組織ですので、団体が地元の会員を調査して安否を確認することはできないかということを各団体に投げ掛けたのですが、実はそれができる団体とできない団体があり、さらに会員情報さえ全部流されて、地元の会員が被害を受けて、それどころの話じゃないという状況もありました。一番比較的正確な数字を出してきたのは全日本ろうあ連盟でした。個人単位の団体としては組織的に非常にしっかりしているので、ここはかなりはっきりとした数字を挙げてきました。しかしまだ五月の段階では全容は掴めない状況でした。それで、NHKの記者にその話をしたら、状況を取材してくれました。

おかげで、主だった市町村の障害者の死亡率というのが分かりました。すべての沿岸市町村の人口を合わせるとおおよそ二百五十万ぐらいです。調査では仙台市の百万人が抜けていましたので、全人口としては百二十四万人が対象になるのですが、障害者も含めたすべての人の死亡率が一・〇三％ということになっています。百人に一人死んでいる。

では、障害者はどうなのか。五月の段階でも、いろんな障害者団体から頂いた数字をベースにおおざっぱに計算すると二倍ぐらいはいくだろうなと想定していたのですが、ＮＨＫの調査――これは七月から八月にかけての調査ですが、二・〇六％と実に二倍になっているのですね。だから障害があると死ぬ率も他の人に比べて二倍なのです。それを知って、愕然たる思いでした。

けれども、その中で若干気になる特色がありました。岩手県を見ますと、大船渡市だけは障害者の死亡率がやはり二倍以上ですが、ほかのところは大体一般の方の死亡率と障害者の死亡率はそんなに変わらないのです。ところが宮城県は、例えば女川町《おながわ》はどういう状況かというと一般の死亡率が七・〇一％と非常に高いのです。障害者はその倍の一三・八八％です。百人のうち十四人ぐらいです。そんなふうに他の市町村を見ても、大体一般人よりも障害者の死亡数がすごく高い。これを押しなべていくと平均で百人中二・〇六人ということです。

岩手県の死亡率と宮城県の死亡率はなぜ違うのかというようなことも、本当はきちっと検証しなければならないでしょう。

避難先での生活の困難

では、生き残っている人たちはどうなっているのか。命は永らえたのだから、あとは何とか他の人と同じように生き延びることができたのか。震災関連死という言葉を耳にしますが、やはり高齢者、障害者は震災関連死という部分でいうとかなり高い率で死亡している可能性もあります。では、そういう形で亡くなられた方以外の人はどうしていたのでしょうか。

本当に寒い時期でした。僕が行ったときも震えて凍えるぐらいの寒さでしたけど、震災直後はもっと寒かったのですね。ビニールシート一枚だけ敷いただけで寝起きしているような状況もあったのです。そういうひどいところでも、最初は一般の避難所に障害者も一緒に避難していると思っていました。ところが、いくら聞いても多くの場合、避難所には障害者がいないということしか聞こえてこないのです。

あとから、やはり障害者は避難所を使えないという話が出てきました。例えば、ごったがえしている中で車いすだけがちょっと広めのスペースをとるなんてことはなかなか出来ない。ましてや学校などはバリアフリーではありません。そういう被災地では車いすの人は避難所として使えるような余地はないですからね。だから一旦は避難所に行ったかも知れませんが、こんなところで自分が居ることによって逆に迷惑をかけるということで、そこから立ち去っているのです。

視覚障害者でいえば、ごった返す中で、例えば夜にオシッコをしに行きたいからと言って、通路も分からない中を行こうとしても、寝ている人の足を踏んだり、トイレにしてもどこに便器があるのか分からない。そういうところでずっと何日も何日も暮らすことなど無理なのですね。また、発達障害の子であればパニックを起こして、周りからは「うるさい」とか、夜中まで騒ぐので「出て行け」とか言われて、やっぱり居づらくなっていく。こんな状況が見えてきました。だから避難所さえ受け入れてくれない状況があるのだと思いました。

もちろん福祉避難所という障害者専用の避難所を作るという想定があったのですけれども、この福祉避難所が本当に機能したところと、名前だけの避難所でしかないところと、様々なパターンがあったように思います。臨時で福祉避難所を作って、いろんな行政的な支援がない中でやっていたところもあります。

救済の網の目からこぼれ落ちる障害者

そういうことを考え合わせると、最初の緊急時対応のときから、障害者は一般に対する救済の網の目からポロポロとこぼれ落ちていった時現実が見えてきます。また、本当に必要な水、必要な食糧、これさえ一般になかなかいかないという状況のなかで、障害者は水と食糧だけでは生命を保つことが出来ない人もいっぱいいいるのです。例えばＡＬＳ（筋委縮性側索硬化症）の人なんかは、電気で人工の呼吸器を回して暮らしているのですが、電源が確保できなければ死んでしまいます。だから電気をどう確保するかが問題です。

それとか栄養剤ですね。直接食べられないような人の場合、栄養剤をどうするか。精神障害の方の場合は日常的に薬を服用されていますが、そういう薬が全く手に入りません。一般の方が日常的に必要とする以上に障害者はそういういわば障害に特化した形のいろんな品物が必要なのです。そういうものが全く途絶えてしまう。

物理的なことで言えば、七階に住んでいる車いすの障害者はもう出られないです。誰かが来ない限り出ていけないという状況になります。だから各障害者団体には、障害者の状況が見えない中、自分たちのつながりをたどって、本当に震災直後からいろんな形で動いていただきました。全体的にどのくらいの動きになったのかということは検証されておりませんけれども、本当に彼らの動きがなければ、障害者はもっともっと死んでいたのではないかと思います。

被災と福祉サービスの断絶

最初は、ばらばらに支援していた障害者団体も一本化しました。日本障害者フォーラム（ＪＤＦ）という大きな団体があるのですが、現地対策本部を各県ごとに作り、出来るだけ継続的に行政とも協力しながら救援の仕組みを作っていきました。

そういった中で障害者にとっての災害とは何なのかということをあらためて考えると、日常的なサービスが切れるということは、本当に物理的な災害に出合うのと等しいということがよく見えてきました。障害者が特に重度であればあるほど、ぎりぎりの中で支援を受けながら生活をしているのです。災害によってその支援の体系といいますか、それ自体が機能を喪失すると生きてはいけない。災害が起きてもきちっと一人ひとりまで必要な医療や福祉サービスをどう繋いでいくかが非常に重要だという感じを持ちました。

地震のあと、福島では原発事故の放射能によってひどい状況になりました。例えば南相馬は原発事故で一旦みんな退避するといったような状況になりましたけども、その中で逃げられなかった人の多くは、障害者であり高齢者だったのです。みんなが逃げると、地域の事業所で働く人たちも一緒に逃げます。そうするとサービスそのものが無くなってしまう。そんな状況が福島、南相馬でありました。

いわき市は福島の一番南で放射能の汚染もそんなに高くなかったところなのですが、風評被害といいますか、いわきには物流が全く行かないような状況になったのです。ガソリンも全く無い。そうするとヘルパーさんが障害者の家に行こうとしても行けないのです。だから南相馬と同じような状況になって、障害者はどうしたかというと、福祉サービス事業所まるごと移転したという例もありました。福祉サービスに携わっている職員、職員の家族、障害者も家族含めてそっくり、四月でしたけど、東京のほうに集団避難しているんです。そういう集団避難は、ほかにはあまりなかったと思います。しかし、障害者の地域生活を維持するという面から見ると、そういうサービスを含めた形で全部避難するという彼らの判断は非常に困難を伴うものでしたが、その判断は正しかったという感じを受けています。

災害の度合いでサービスの充実を

そういう状況が障害者にとっては今もまだ継続しています。実は、災害が起こると、障害者の困難は二倍にも三倍にもなると思っています。例えば僕が障害者総合支援法で福祉サービスを申請しても、僕には介助サービスは付かないと思います。今の状況ではですね。でも僕が例えば陸前高田に住んでいるとすると、僕は車いすでは移動出来ない。あの瓦礫《がれき》の中でどうやって車いすで移動できると思いますか。車があったって移動は出来ないです。本当に瓦礫の中を車でグニャグニャ行きながら、ある程度行けたにしたって、どこにお店があるんですか。車いすであの瓦礫の中で生活するということを考えたら僕はいわば特級の障害者と同じです。

今、移動支援ということが高齢者も含めて需要が非常に増えていますけど、このような物理的な環境の変化によって支援を必要とする障害者は倍増すると思います。ですから福祉サービスというものと災害というのは、本当に切り離せない。障害者の生命の鍵を握るのはサービスですので、どれだけ災害の度合いに応じて充実させていくかというところが非常に大事だろうと思います。

要援護者避難支援計画の限界

そして最後に、皆さん方が住んでいる市町村にも当然あると思うのですが、災害時の要援護者避難支援計画がどこの町にもあるはずです。災害時の要援護者の問題は阪神淡路大震災以来、いろんな形で議論されてきて、内閣府の防災のほうでもこれを取りまとめる形でその制度がきちんと機能するように準備はされてきていました。

この制度のポイントは三つあり、一つは災害が起きたときにどうするかという基本計画を市町村ごとに作るということです。二番目は地域の中に要援護者がどのくらいいるのか、これを把握して名簿を作る。そして支援が必要な人は手を挙げて、何かあったら来てくださいという形で本人の同意を取って、保護すべき人を対象に一覧表を作る。三番目は、その人を誰が災害時に避難させるかという支援とのマッチングというか、繋がりを作ります。こういう三つの柱で出来ています。

実は東北のある市町村は従前からこれを随分熱心にされていました。しかしながら、実際に機能したかというとほとんど機能してないです。作っただけで終わった。問題はどうしたら機能するようになるのかということですが、やはりこの制度の根本的な問題点というのは、支援する側が行政の例えば福祉課であったり消防関係であったり、それに加えられるのは民生委員さんとかそういう人たちなのですけど、民生委員さんたちは比較的高齢なのです。だから何かあったときには助ける側じゃなくて、助けられる側に回る。その人たちを中心に組んで機能するはずはないのです。

だから障害者団体とか、事業所とか、そういうものも事前に一緒になって計画を作るという必要があります。そして計画を作って、いろんな想定の下に訓練をしていくといったことがなければ機能しないだろうと思います。

実は数は少ないですが、障害者がほとんど死んでいない地区もあるようです。なぜ死ななかったのか。それは昔からの言い伝えを守って、何かあったらみんなで逃げるという教えをずっと守り、そういう訓練をやってきたということなのです。だから単に机上の計画を作ることじゃなくて、そこに住んでいる住民、障害者団体、事業者団体も含めて、計画作りの中に入って作り上げて、そして実際に訓練するといったことが非常に大事かなと思われます。

それとあと一つ大きな限界は何かというと避難計画で終わっている点ですね。通常これまでの災害では、無事避難すればあとはなんとかなると思っていたのですね。しかし今度の災害は、避難してもその後が本当に問題でした。その後の障害者に対する福祉サービスをどう継続するかということを実際は全然考えてなかったのです。だから現場に行っても市町村の職員に聞いても障害者に対する関心が薄いのは、こんなことに要因があるのではなかろうかなと思います。

地域に暮らす障害者の存在

いずれにせよ、一番感じたのは障害者問題というのは本当に周辺の問題といいますか、埋もれて一般の目からは見えない。いつも、いつもブラックボックス的になっていることです。最後に余裕があれば何とかしましょうということが、こういう災害のときにも同じように現れてくるということを思いました。先ほど言った訓練みたいな形で、日頃から地元住民との繋がりをつけて、日頃から自分たちの存在する姿を地域の中で示していく。保護される形の存在ではなく、地域の中での障害者の存在というものをどう作り上げていくかという、地域福祉そのものが問われた出来事だったということを思います。

「福祉と環境の未来を語ろう」

炭谷　茂

はじめに

恩賜財団済生会理事長を務めております炭谷と申します。この熊本県には済生会病院がございますので、済生会のことをご存じの方もおられるかと存じます。

実はここの会場で話すのはこれで二回目です。最初は三、四年前だったと思います。先日亡くなられました原田正純先生にもおいでいただき、大変嬉しかったことを覚えています。原田先生にはいろいろと教えていただきました。その教えられたことが、今日お話しすることの基礎になっているというふうに思います。

今日は「福祉と環境の未来を語ろう」ということで、東日本大震災を一つの題材として捉えて考えてみたいと思います。今、東先生がまさに現地に行かれてのお話をされましたけれども、これから東日本大震災の復興という部分に入ります。三つの県でいろいろプランが出されています。私はこれからの復興計画を考える際は、私流による環境福祉学の視点を入れないと、また視点を入れることによって良いものができるのではないかと思います。

環境福祉学とは

私流の環境福祉学とは何なのか、私なりの整理をお話ししたいと思います。

環境福祉学は、決して環境と福祉を並列で学ぶというふうには私は考えておりません。環境と福祉を両者の関係性もしくは両者の融合性、そのようなことで環境福祉学を捉えているのです。環境と福祉を別々に学ぶという意味ではありません。

環境と福祉の相互関係

まず、環境と福祉の関係性を簡単にポイントだけお話しします。環境から福祉へどんな影響があるのかということをまず考察しましょう。例えば、熊本県はあまりないかもしれませんけれども、東京ではどんどん高いタワーマンションができています。四十階建て、五十階建てというような高いマンションができます。そうすると、その高い所に住んでいる子どもたちはどうなのかなと、子どもたちの心身の変化はどうなのかなということが大変心配になります。このような高いところに住んでいる、高層マンションに住んでいる子どもたちに影響はないのか。実際これを調べた先生がいらっしゃいます。それをみると、やはり高くなればなるほど情緒の不安定さや依存性が強くなるという結果が出ています。

また一方、福祉から環境に対する影響はどんなものがあるかというと、これのいい例がコミュニティガーデン運動じゃないかなと思うのですね。これはイギリスやヨーロッパで起こり、アメリカ、最近では日本でも広がってまいりました。いわば、障害者や高齢者、またアメリカのようにホームレスが環境のために何か貢献していこう、公園を造っていこう、緑地を造っていこうという運動がここ十数年盛んになりました。日本でも、私自身は大阪で活動していますけれども、そのようなことを実際実践していただいています。

一方、このように一方通行でなくて、環境と福祉が相互交通をするという場合があります。この典型例が、あんまり新聞で報道されず成果が乏しいというふうに批判されていますけれど、リオ＋20（国連持続可能な開発会議）の会合だろうと思います。この会合の大きな狙いは途上国の貧困と環境の悪循環、貧困であると環境が悪くなる、環境が悪くなると貧困になってしまう、この悪循環を何とかどこかで断ち切れないのか、これが最大のテーマでした。いわば環境と福祉が相互の関係がある、そういうものがあるわけです。これが第一の分野です。

エコかつユニバーサルな融合性

第二の分野は、その両者を別々に置くのではなくて、重ねて環境と福祉を融合させたらいいものができるのではないかということです。一つの例としてはユニバーサルエコデザイン。エコユニバーサルデザインでもいいですけれども、エコだけじゃなくてユニバーサルなデザインのものがいいのではないかと。

例えば最近、自動車で福祉車両というのが発展してきました。福祉車両だといって地球温暖化を助長するものであってはいけないので、福祉車両でかつ環境にもいい、そういうふうな自動車が最近開発されつつあります。福祉車両の小型化とか、燃費を良くする、それがまさにユニバーサルエコデザインです。環境と福祉が融合している、そのようなものが環境福祉学の考察の対象になります。

今日お話ししようと思っているのは、そのような環境と福祉を融合したまちづくり、これが非常に震災対策でも有効であるということです。このように環境と福祉という両者の関係性また両者の融合性、そのようなもので考えてみたらどうかと思います。そのために私どもは環境福祉学会というものを八年前に作りました。現在会員数は三百人名程度、今年は十一月に川崎医療福祉大学で第八回の学会を行うことにしております。どなたでも参加していただいて、おおいにこの学会を盛り上げたいと思っております。

生活困難と環境の被害

それでは次に、東日本大震災の復興をどう考えたらいいのか。これをいろいろな被害に遭った方々に分けて考えてみたいと思います。

まず、放射能汚染被害者。やはり非常に甚大な被害が生じております。特に、放射能被汚染者に対する偏見差別というものがまだ相当根強く残っている。震災が起こった直後、私自身は震災が起こってすぐに福島県の川俣町というところに行きました。まさに、原発の計画的避難地域に該当しております。済生会の診療所もそこにありましたので、それを視察するために参りました。まさに厳戒態勢、戒厳令が出たらこういうふうになるのかと思いました。

ただ、そこから避難された方々が首都圏に入ると、怖いからと、お子さんが保育園の入園を拒否されたり、転校先でいじめにあったり、それからホテルで福島ナンバーの車が拒否されたり、そんな話が新聞に出たのはご承知のとおりです。

実際に法務省の人権相談では、震災関係の相談が昨年十二月末までに四百九十一件もあったということです。これは、水俣病の被害と大変類似していると思います。放射能というものに対する、見えないものに対する恐怖心というものがあります。また生活困難者に対する偏見、そういうものがこのような放射能被害者に対する差別・偏見となっているのではないかと思います。

そしてここが重要なのですが、環境福祉学の立場からいうと、このような何らかの生活の困難をきたす場合は環境の困難性も一緒に持ってしまう。分かりやすくいえば、貧困の人により環境の被害が非常に強く起こってしまう、これが環境福祉学の一つのテーマでございます。

例えば二〇〇五年八月に起こりましたハリケーン・カトリーナ、これはルイジアナやミシシッピ州を襲いましたけど、被害はより貧しい人たちに集中しました。二千人の死者が出ましたけど、貧困者の方々に集中しています。これはある意味では一定の理由があるわけです。同じように、地球温暖化の影響は途上国なりに集中してしまう。足尾公害も同様です。これは原田先生の論文によってずいぶん教えられました。

高齢被災者に重層する困難

次は高齢者の関係です。岩手県の岩泉町、ここにも済生会の病院がございますのでそこに参りました。そして、私が参画をしております生活福祉研究機構では昨年十月、ちょっと一段落した頃に岩泉町で高齢者の実態調査を行いました。医師、看護師、ソーシャルワーカー、数人のメンバーを組んで行きました。岩泉町は、平成の合併以前は日本で一番面積の大きい町でした。それだけ過疎化が進んでおり、震災の被害も受けました。

その町を生活福祉研究機構のグループが一軒一軒訪ねて調査をすると、震災の被害に遭った高齢者が孤立をして、また貧困にあえいで、また医療や介護ニーズが充分満たされてない、いわば一人の高齢者にいろいろな困難が重なっているということが明らかになりました。町長は、昔から私自身がお付き合いをしている伊達勝身《だてかつみ》という方で、長く町長をやっておられる方ですけど、伊達町長も同じように、一人にたくさんの不幸が重なっていると考えておられました。これが岩泉町の実態でした。

また一方、その避難地域から脱出して避難した人たちがたくさん高齢者を中心にしておられます。私ども済生会でも、全国の老人福祉施設で受け入れています。このような人たちがこれから帰ろうとした場合、これが大変難しい。災害が一段落したので戻ろうとした場合、医療、介護、そもそも住むところがないというような問題があります。なかなか帰還が難しいという状況です。

それとともに、高齢者の孤独死、これがよく指摘されています。そもそも孤独死は阪神淡路大震災から指摘されたということはご承知のとおりです。今回は阪神淡路の反省を含めて、これを防がなくてはいけないということが震災直後から言われましたが、残念ながら孤立死・孤独死が生まれているのです。また震災関連死も六十五歳以上の高齢者がより多くなっているという数字が出ています。

ソーシャルインクルージョンによるまちづくり

それではどうしたらいいのか。私自身は、長くソーシャルインクルージョンというもののあり方を研究しております。一九九〇年代、ヨーロッパを中心にして起こっている現在の社会福祉の中心的な理念になっていることはすでにご承知のとおりだと思います。特に障害者、若者の失業者、外国人、ホームレス、そのような方々が社会から排除されている。それを何とか防がなくてはならないということで、ソーシャルインクルージング思想が現在ヨーロッパの中心的な福祉思想となっています。

今回の震災で孤立している高齢者を見ると、まさにこのソーシャルインクルージョンの出番ではないかと思います。そこで済生会では、宮城県を中心にして避難していた方々の高齢者のまちづくりを行ってみたいと、現在検討しているところです。

済生会は世界最大の医療福祉をやっている団体です。ただし民間の非営利です。国立ではもっと大きいところがありますけれども、民間非営利では世界最大の三百八十の病院と施設を持っておりますので最大の団体ですが、その総力を挙げて被災地のまちづくりというものを、高齢者が帰還できるようなまちづくりをやってみたいです。

そのために基本になるのは住まいづくりだろうと。住まいでもいろいろな人がおられる。要介護度の高い人は、やはり特別養護老人ホームのようなものが必要です。また要介護度が低い人は通常の住宅でもいいのではないか。またその中間の人は介護付きのケアの住宅が必要でしょう。いろいろとあるので、それらのバラエティーに富んだものができないかと、現在検討を進めております。

それだけではなくてやはりソーシャルインクルージョン、人との結びつきを作らなくてはなりません。そのヒントにしているのは、フランスを中心にして起きているソーシャルインクルージョンを進めるためにやっている、日本でも試されている「隣人祭り」というやり方です。これは東京でも丸の内の都会でやっています。

このような考え方で、例えば被災地で我々がまちづくりを行う。高齢者の住宅や特別養護老人ホーム、場合によっては子どもたちの保育所も必要かと思います。さらに済生会が得意な診療所も必要だなと思っていますが、それより何よりも重要なのはソーシャルインクルージョン、人と人との結びつきを作ることです。

コンパクトシティ構想

これはすでに宮城県や岩手県、福島でも考えられているようですけれども、コンパクトシティ構想。これはまさに環境福祉そのものです。より小さいところに今までの都市の発展はどんどん分散化した。そのために自動車交通が大気汚染の問題になった一方、自動車の運転ができない高齢者、障害者には大変不便なまちづくりになりました。そこで、できるだけ緻密な小さい地域に住宅を集め、また公共施設を集めるコンパクトシティ構想、これがまさにこれからの震災復興の一つの仕事として、すでに検討されているようです。

私は富山県の出身ですが、コンパクトシティの日本における第一号は富山市だろうと思うのです。富山市のコンパクトシティ、その中心を果たしているのはＬＲＴという低床の電車です。その電車をうまく活用してコンパクトシティづくりで実績をすでに上げています。それぞれの地域によってコンパクトシティのやり方は違ってくると思うのですが、このようなものをこれから復興に役立てていかなければいけないと思います。

傷ついた子どもたちのケア

三番目は子どもたちです。特に震災孤児、親をなくしてしまった子どもは三県で二百四十一人、一方の親が亡くなったのは大体二千人程度といわれています。そして彼らの状況を見ると精神的な偏重をきたしている。例えば退行、夜になると恐怖心が出たり、多動現象、また暴力的になったりするというような状況が現れているようです。いわゆるグリーフケアというものが大変必要になってきている状況です。

これに対しては環境の活用というのが大変有効ではないかと思います。私が理事をしている朝日新聞厚生文化事業団がこの事業を今年三月に行いました。グリーフケアキャンプと称し、日本でやれば良かったのですけれども、日本よりも台湾でやったほうが、子どもたちの気分転換のためにもいいのではないかということで、震災孤児になった十人でやりました。学年はバラエティーがあって小学校二年から高校三年まで分散していました。これも非常に効果がありました。子どもたちが自然の中で過ごすことによって、自分が何なのかという自己発見や自己肯定感、そのようなものが得られたということを報告で聞きました。

また、私どもの環境福祉学会の理事をされている永井伸一先生は、岩手県の大槌《おおつち》町の保育園などに行き、トマトやゴーヤなどによるグリーンカーテン作りをやっています。彼は獨協医科大学の名誉教授で農学の専門家です。そこで保育園や仮設住宅に行くと、このようなグリーンカーテンというのが方々にあるのです。でもほとんどのものは枯れてしまっている。これから夏に向かって壁や窓を覆っていればいいのですが、ほとんどは枯れている。そこで永井先生が「今度私どもがグリーンカーテンを作りたい」と言ったら、「もういいですよ。みんな全国からきたけど、ほとんど枯れているじゃないですか」という話でした。彼は独特の方法で水耕栽培的なやり方をして、五月末ですけれども入ってやっております。多分百パーセント成功していると思います。このようなことも効果があって、数℃、五℃くらいは遮温効果があるのではないかというふうに思います。

このように、特に子どもたちに対して環境というものが大変役に立ちます。これはぜひ読んでいただくとありがたいのですが、平成十年に信州大学の平野吉直《よしなお》教授が行った調査結果があります。これは文部省の依頼に基づいて小学校・中学校一万一千人の実態を調べたものです。それによると、自然との触れ合いの多い子ほど、正義心や奉仕の精神が強い。自然との触れ合い、例えば海水浴をしたり、広場で遊んだり、昆虫採集をしたり、夜になれば星を見たりする。そういうふうな自然との触れ合いの少ない子は、正しいことをしようとか、人のために何かやろうとする正義心や奉仕の精神が低いということが分かりました。

となると、まさに自然との触れ合いを多くすれば、心の発達が期待できるわけです。これは実証研究です。見事な相関関係が出ているわけです。このような考えに基づいて、まさに環境福祉が震災によって心が傷ついた子どもたちに対してのケアができるのではないかなと思っております。

障害者の就労とソーシャルファーム

四番目は障害者の問題です。大震災被害の大きさは障害者ほど大きかったということは先ほど数字で詳しく説明をいただきました。それとともに、障害者の方々にいろいろと接していますと、働く場所がないということがあります。真っ先に解雇されたのは障害者だということを聞いています。

これが、現在私が取り組んでいるものの一つです。障害者の働く場としては一般の企業、それから公的な福祉的職場の二種類が用意されています。済生会熊本病院は、特に福祉的職場について非常に力を入れております。ですから済生会としては現在全対象の二%を超える障害者雇用率をとっていますが、一般の企業では一・七%しかいってない、これが現状だと思います。

福祉的職場も、例えば昔でいう授産施設や小規模福祉工場は予算の関係上なかなか増えません。そこで私が現在やっているのは、ソーシャルファームなどの社会的企業を作ることです。私は日本で二千カ所作ろうということを四年前から呼びかけております。だんだんこれが出来てきました。三月十三日に熊本県の主催で、ソーシャルファームについて私がお話させていただきました。熊本県では全国に先駆けてソーシャルファームを地域福祉計画の柱にしていただきました。また助成制度も今年度からスタートすることになりました。大変心強く思っています。ソーシャルファームの先進県は熊本県だろうと思っています。

環境事業が一番いい。環境が一番ソーシャルファームに向きます。すでに成功している事例としては、例えば廃プラスチックのリサイクルをしているエコミラ江東（東京）、ここでは現在十一人が働いて、月給十二万円でやっております。公的な資金は一切入っていません。ゼロです。それにもかかわらず、月十二万円でのソーシャルファームとして運営されているのです。

環境と福祉の両立

いずれにしろ、環境福祉学というものは二十一世紀に必要になってまいります。私は国家論としても必要だと思います。二十世紀は福祉国家を目指しました。福祉国家は環境を犠牲にして成り立っています。二十一世紀は環境と福祉が両立しないといけない。これが大事です。それから環境と福祉を一緒に伸ばすようなまちづくり。このような実践例は私どももいろいろなところで既に試して成功しております。

三番目には、何よりもこれからは福祉と環境がともに豊かなところ、人はそういうところで人生を送りたいというふうに考えているのではないでしょうか。国家のレベル、地域のレベル、人のレベル、それぞれにおいて環境福祉学が今こそ出番だろうと考えています。

第二部　パネルディスカッション

いのちをつなぐ——今私たちにできることは

第一部での報告を受けてこれからディスカッションに移ります。

東日本大震災の三つの環境問題

中地重晴

皆さん、こんにちは。紹介いただきました福祉環境学科の中地です。私は主に環境問題にかかわっていますが、東日本大震災の環境問題というのは大きく分けて三つあるだろうと思います。一つは津波で被災した工場からの化学物質の流出、もう一つは解体工事に伴うアスベストの飛散、最後は福島原発事故による放射能汚染。この三つの問題を解決していかなければいけないだろうと思っています。

被災した工場から流出した化学物質

一つ目の化学物質の流出については、実は津波で流された家というのは個人の住宅だけではありません。工場も多く被災しています。いろんなところで壊れています。工場の中にはいろんな有害物もあって、場合によっては倉庫のようなところには農薬なんかも結構保管されていたのですが、それが津波とともに山に行ったのか、海に行ったのか、誰も教えてくれません。あまり調査がされていないということがあります。

例えば「黒い赤ちゃん」で社会に衝撃を引き起こしたＰＣＢ（ポリ塩化ビフェニル）は、一九七三年に製造を中止されており、今は保管されているのも無害化処理をしています。が、三陸の地域には四十六本ぐらいの大きなコンデンサーやトランスがありました。それが流されたということが環境省から発表されていますけれども、見つかったという報道は一件もされていません。

ＰＲＴＲデータという、工場がどういったものを環境中に排出しているのかというのを国に届出をする制度があります。まず三月十一日当日の震災直後にニュースを見て、復旧工事にあたって、そういった工場の中に残されていた化学物質がどこに行ったのか、ガレキを片付けるときにどこに注意しなきゃいけないのか、様々な情報を提示しようと、私が代表をしている有害化学物質削減ネットワークというＮＰＯでは、そこで届出されたデータを示して、ホームページで公表して、工事にあたる人たちに注意を呼びかけたというところから活動してきています。

それで北は八戸から南は千葉県の旭市まで、約三百五十の工場のデータを公表しているわけですが、その後どの程度町が壊れているのか、あるいはどういった汚染があるのかということを調べるような調査をしております。

解体工事に伴うアスベストの飛散と労働者の健康問題

もう一つはアスベストの飛散ですが、私は一九九五年、阪神淡路大震災のときにはちょうど激甚被災地域に住んでいましたので、被災者の一人でもあります。そのときに解体工事に伴うアスベストの飛散ということについて調査をし、健康への悪影響の可能性もあるということで、住民、ボランティアの人たちと一緒にネットワークを作って活動してきました。そのときの経験をもとに、今回は主に東京の労働安全衛生センターの人たちと一緒に被災地域を回って、アスベストの飛散の可能性があるかどうかということを調べました。

たまたま三陸海岸一帯は開発年度が遅くて、一番人体に影響がある、あるいは飛散しやすくて注意をしなければいけないアスベストのある建物は、かなり少ないということが分かっています。ただ現在、震災ガレキの広域処理が問題になっていますけれども、流されて壊れてしまった震災ガレキが一時堆積場にあります。そこであと二年ぐらいかけて分別をして処理をすることになっていますけれども、そのときにアスベストを含有した建材を間違って砕いてしまって飛散するのではないかという、この場合には片付け作業をする労働者たちの健康問題について、きちんとしていかなければいけないのではないかという注意喚起をしています。

そういう作業をしていく中で、今回の東北と熊本をつなぐということで、私たちに何かができるのかということも含めて、町づくりのあり方についてもうちょっと考えていかなければいけないと思っています。

阪神淡路大震災に学ぶまちづくり

阪神淡路大震災のときはどうだったのか。あのときは確かに大きな地震の揺れがあったのですが、耐震基準を満たした新しい建物は残っています。古い木造の建物を中心に壊れてしまった。復興に向けたまちづくりをしようとしたときに、壊れた家と壊れていない建物があり、被災して被害を受けた人とそうじゃない人の間での意見がうまくまとまりませんでした。まち全体で、すべての建物を、あるいは火事にあって建物を建て直そうとしたときに、住民の意見をまとめるということが非常に難しかったということがあります。

ところが今回の東日本大震災は、津波でほとんど地域ごと家屋が流されてしまった、壊れてしまったというところがあるので、逆にそれをチャンスと捉えて、きちんとしたまちづくりをしていくべきじゃないかと思います。

例えばコンパクトシティという形で、福祉と環境を取り入れたまちづくりをもっと進めていくべきだというお話でしたが、できればもう少しこういう地域をつくっていったらどうかということをあとでお聞きできればと思います。

放射能汚染からエネルギー問題を再考する

三つ目の環境問題ということで言いますと、福島原発事故による放射能汚染の問題があります。熊本まではなかなか放射能は飛んできませんけれども、東日本全域、濃度の濃淡はありますけれども放射能に汚染されてしまっています。子どもの健康被害ということもあります。これからセシウム飛散など、放射性物質による地面や食物汚染ということについて、いかに汚染を避けて暮らすかということを私たちは考えていかなければいけません。そのタイムスパンがセシウム１３７の場合には半減期が三十年なので、十分の一になるのに百年かかるといわれています。百分の一になるには三百年かかるという話で、非常に長期間、福島県を中心に広範な地域で放射能汚染と付き合いながら、被爆を避けるように暮らしていくため、どういうまちづくりをしていけばいいのか、いろんな知恵を出していかなければいけないと思います。

その中で福祉と環境だけじゃなくてエネルギーという問題でも、電気も化石燃料も使わず自然エネルギーを使ったり、あるいは住まいづくりをする必要があるでしょう。熊本にいてもいろんなアイデアが出せると思いますので、東日本大震災の被災地域の応援ができたらいいのではないかと考えています。

「ほどほど」とは何なのか

下地明友

福祉というのは面白くて、例えば英語で well-being と言うんですね。welfare とも言います。well というのは、そのあとに better, best というのが付くのです。普通、welfare とか well-being というと、幸せとか幸福、福利厚生と言われますが、実は well ということばには「ほどほどに」という意味があります。

近代化になって技術が高度になります。それによって何が起きたか。今度のような震災とかそういうもので、近代化で作られた構造に亀裂が入るわけです。裂け目が入ります。そこで噴出する。

それがいわゆるカタストロフです。カタストロフに我々はあらためて驚くのですが、実は福祉というのは「ほどほどに」[注1]なんです。だから福祉学というのは、ほどほどとは何なのかを研究する学問なのです。

そしてwellには、泉が湧くという意味もあります。命の泉が湧くという意味があるのです。そこも注意する必要があります。

注1：適度な休暇と自由な空間という条件が必要。そのためにはいわゆる「生態学的倫理」と「倫理的想像力」が必要です。

自然環境の一部にある人間

それから最近では、エネルギー問題で緑を大事にしましょうということが言われます。緑を見るとホッとします。なぜ緑を見たらホッとするのでしょう。不思議ですね。これは、実は我々の体の中に植物が根づいているからなのです。ですからグリーン経済というのは、人間とは本質的に何なのかというのを追求する一つの意味を含んでいると思います。

それから環境。この環境も、環境の「環」というのはループ状を形成しています。つなぐという意味があります。今回のいのちをつなぐという、これもつながるのです。水俣病問題の権威であった故・原田正純先生は、女性の子宮は胎児が育つ場所で、その子宮は環境だとよく言っておられました。今回の震災後に分かったのは、人間は自然の一部、人間も自然だということです。子宮は環境、子宮は自然、体も自然だということに気づいた[注2]のです。なぜ気づいたかというと、近代化の中で構築されていた構造、我々の背後には構造があるのです。構造とは何か。これは裂け目が入ったときに分かるということです。

注2：ここでいう「構造」とは、いわゆる近代が達成した「構造」のこと。これまで見えなかった「構造」に裂け目が入ったとき構造の正体が露呈してくるということ。

それと水俣病の問題があります。あれは有機水銀とかいろんな食物連鎖とかで身体に影響を与えるのですが、原発事故は原子炉(注3)の問題です。実はエネルギー問題で一番大事なのは、我々は生態系に住んでいるということです。いわゆる人間が住む、動植物が住む一つのシステムである生態系の中のエネルギーを使っています。原子核の周りに電子があり、電子の配列で物質が違います。水銀も、鉛とかヒ素なんかも、電子の配列です。電子配列の化学反応で我々の動植物の生き死には決まっています。

注3：人類はこれまで、エネルギーは原子核の周りの電子の運動から取り出す（石油、石炭など）ことでまかなっていたのですが、原子炉は原子核の内部まで踏みこんでエネルギーを取り出しています。人類などの生物が住む生態圏は、電子の運動からエネルギーを取り出してきました。

原発を供養する

しかし、原子炉で起きている反応は、核分裂と核融合反応であり、これは本質的に生態系外の反応なわけです。我々が住んでいるシステムの外のエネルギーなのです。これを生態系の中に作って、エネルギーを出していく。これが原子炉です。

ですから完璧《かんぺき》に生態系の中でエネルギーを確保するためには、ガードを固めないといけません。

そのガードに亀裂が入ると、我々の生態系はどうしようもないです。(注4) これは理論的にダメなんです。いくら技術を高めようと、生態系の内部で生態系の外部を、いわゆる太陽では核分裂、核融合でエネルギーが出て、それが地球に注ぐんだけれども、これはいろんな媒体物を通って光の光合成とかバクテリアを通して我々のエネルギーになっているのです。けれども原子炉は生態系の媒介を通らずに直接エネルギーを使う。ですから生態系内においては、原理的に無理なのです。

注4：生態圏はその内部において、核融合・分裂反応現象が生態圏に及ぼした影響を自律的に修復するメカニズムをもっていないのです。

ですからこれは一つの提案ですけど、福島の原発とか、「今までよくエネルギーを作っていただいてありがとうございました」と供養をする必要がありますね。供養塔を立てて、ありがとうございましたと成仏していただくというのがいいと思います。

ウェルネスの中で人間性の普遍的なものを問う

つまり、我々が何でも生産し消費する。その生産と消費とともに、必ず逆のものが生産されます。逆生産、カウンタープロダクションといいます。その逆生産に対する対応というか、このテクノロジーもまだまだ不十分、未熟です。それでウェルネスの意味を問い直さなければなりません。

ウェルネスというのはほどほどになんです。ほどほどというのは、我々はみんな、動物も植物もバクテリアも我々生態系の仲間であるということの意味と深い繋がりがあるということを見直すことで、見えてくるものではないでしょうか。命がつながっている。環でつながっている。ループでつながっている。これは生態学的な倫理、エコロジカルな倫理です。どういうふうに生きていくのかという倫理です。これをどのように今後構築していくのかが課題です。

今回のこともありますが、人間には歴史を経ても普遍的に変わらない何かがあると思います。原子炉を作りました。そこで原子力村の問題などいろいろあります。利害関係の問題とか言われますが、これは歴史を経ても普遍的に変わらない何かがあります。要するに我々の人間性の中には直視する、見つめると本当に嫌になるような、そういう部分があるのです。我々の普遍的な部分があるのです。ですから、きれいなことは言えますけれども、どうしても直視すると嫌になる面、本質的な部分がある。そこをどう乗り越えるのかというのも今後の問題だと思います。

今後はそういう人間性の中にある見るのも嫌になるような普遍的なものが問われる時代に入ったのではないかと思います。これは東先生と炭谷先生にそこのところを、ちょっと抽象的ですけれども何か新しい価値観の再生、創造ということでお話をお伺いしたいと思います。

共に未来を作る

花田昌宣

MINAMATA と FUKUSHIMA

さて私の本題です。四つぐらい言いたいと思っているのですが、第一点に今回の3・11、世界が日本を見ています。カタカナで通じる日本の出来事といえば、まずヒロシマ・ナガサキ。アルファベットで HIROSHIMA・NAGASAKI と書けば、世界中の人はまず分かる。その次に、MINAMATA と書けば水俣病と分かる。私はフランスの国際学会に行ったときに、minamata.voice

というメールアドレスを使っていたのですが、それを見た学会仲間から、お前は水俣病のことに何か関係あるのかと、全く知らない人からも言われる。だからアルファベットでMINAMATAと書くと、これは水俣病だと分かります。

そして今、知られているのはFUKUSHIMAです。何の説明もする必要はありません。日本が、そして私たちが何をしようとしているのかと世界が注目して見ている。それに応える日本のあり方というのを私たちは考え、発信していく。少なくともそういう思いを持ちたいと思います。

原発事故は「想定外」か

私自身は水俣病の問題に長く取り組んでおります。先日亡くなられた原田正純先生とも一緒にやってきました。今の下地先生のお話の中にも出ましたけれども、二点、今回の震災や原発と水俣とを重ね合わせて発言したいと思います。

まず冒頭に、これは皆さんも覚えておられると思いますが、想定外というのを三月下旬にみんな言っていました。津波が想定外だったと。あとで、そんなのは計算できていたということが資料として出てきます。ついで原発事故が想定外だという話です。私は四十年前、学生の時から原発は危ないという市民運動の端っこにおりましたので、こんな事故が起きるとは思っていないけれども、私どもにとっては決して原発事故は想定外ではありませんでした。

ただ、なぜあの瞬間に政府当局者を中心として想定外と言ったのか、実は水俣病でも同じことが起きています。水俣病を引き起こしたチッソという会社が、何を言っていたのか。最初のうちは水銀を流していたということを隠していたのですが、政府が認めましたから水銀を流したことは認めざるを得なかった。ただ、裁判の中でのチッソの主張は、「このことが水俣病を引き起こすとは思わなかった、知らなかった」というものでした。ある意味、あの工場が不知火海全域を汚して人を傷つけるということを知らなかった、科学の限界、こういうことを主張していました。

そのことと3・11以降に起きた想定外という議論を重ねていただきたい。もはや、想定外という議論のしかたはもう耐えられないのではないですか、科学的に。同じ失敗を繰り返してはならないと思います。

水俣の失敗の経験

もう一つ、水俣と東北を重ね合わせて考えてみたいと思います。水俣という町は、熊本県と鹿児島県の県境、工場が来る前は小さな村でした。塩と林業とわずかな農業と漁業。ただ、県境の村なので番所やら役所はありました。そこにチッソという企業ができた。そこで公害が起きた。東京のど真ん中で水俣病という公害が起きたわけではないのです。

東北に原発が置かれています。私どもが子どものころ、今から五十年ぐらい前、映画館で映画の合間に東映ニュースとか流れるのですが、ＮＨＫのドキュメンタリーだったか、その一つに「日本のチベット、東北」と、この双葉町あたりが紹介されているのがありました。東北の三陸の村々というのはそういう町だったのです。

もう少し重ねていうと、私と同様の年配の方は覚えてらっしゃるかもしれませんが、三上寛というフォークシンガーが自分の出身の村を歌っています。「生まれ故郷の小泊じゃ」と歌うわけです。何もないから出ていかないといけない。同じような村だった東通村に原発が来る。六ヶ所村には再処理工場を造る。そして事故が起きることは想定していない。そういう馬鹿な議論はやめましょう。水俣病で五十年経験済みのことです。

実はこの会場にも水俣からたくさんの方が来ておられ、裁判で闘っている患者さんたちも来ておられます。その裁判の中で、今日は炭谷さんがおられるので言いにくいのですが、今、国と県はどういう主張をしているのか。被告の国・県、チッソは時効除斥、「もう時間がたっているからあなた方は訴える権利はありませんよ」と法廷の中で主張しています。不知火海沿岸に五万人の患者さんがいるのです。ところが「事故が起きて何十年も経つから、裁判に訴える権利はあなた方にはありません」と言われています。

同じことを福島で繰り返してはならないのです。五十年も引きずる必要もないです。今、何が起きているのか。今放射能がどういうふうに広がっているか調べる必要があります。明らかにしておく必要があります。さらにいいますと五十年後にまで争いを残してはならないと思います。

被害者の立場に立つ学問

その上で、今日のお二人の話を聞いて感じたことを言います。東先生は熊本におられて、障害をもった弁護士として活躍されてきた、現場の人です。今、政府の真ん中に入っておられます。

二人目に話されました炭谷先生は逆ですね。ずっと中央官庁の中におられて、今は現場を歩かれています。私自身がお付き合いさせていただいたのは、実は中央官庁におられたときではなくて、障害者の大会であり、釜ヶ崎の日雇い労働者支援のソーシャルファームの運動の中で共通の友人がいることで知り合いになりました。いわば現場と国家の対極の動きをされた二人の話を聞きました。

では私たちはどうするのかということを考えていきたいと思います。私どもは大学の教員、研究者です。そのときに学問というのは誰の立場に立つのかというのを大事にしなくてはいけません。学問とか科学というのは決して中立ではありません。そして間違い倣ばかりしています。

二つぐらい科学が間違えている例を簡単に言います。教科書の中で旧石器時代と習いましたね。あとで明らかになったのですが、あれは全部偽造でした。ついこの間のことですが旧石器時代は教科書から消えました。あるいはもう一つ。水金地火木土天海冥、冥王星は習っておられると思いますけれども、一九三〇年に発見された第九の惑星、冥王星が二〇〇六年になって惑星ではないとされました。天文学の科学で長い間言われ教科書に掲載されていた「事実」がひっくり返りました。教科書に書かれているから科学的事実であるなどとはとてもいえないのです。

いずれにしても、歴史だったり、自然科学だったり、私たちが目の前にしている環境や福祉の問題は、炭谷先生が言われたように社会の問題ですが、そのときに誰の立場に立つのか。私は原田正純先生に倣って水俣病の被害者の立場に立ちたいと思うし、放射能の被害を受けて震災津波で困難を抱えている人、そこを視点として学問を形成していきたいと思います。

何でそう言うか、一点だけ私の説明をします。やはり水俣病の話に戻ります。水俣病は一九五六年、昭和三十一年に起きたと報告があって、それから今年でちょうど五十六年です。水俣病事件は解決した、終わったと何回も言われました。ところが、そうではないと言い続けていたのが、地域の数少なかったかもしれないけれども水俣病の患者さんたちであり、その人たちの運動や裁判があり、差別の中で抗《あらが》ってきた人たちがいて、この五十年の水俣病の歴史を作ったのだろうと思います。歴史を作るというのはそういうことではないでしょうか。

三人の問題提起や質問を受けて、講師のお二人にご発言をいただけたらと思います。まず炭谷先生、お願いします。

コンパクトシティの可能性

炭谷　茂

まず一つは中地先生からありましたコンパクトシティのあり方です。これは震災地域だけではなくて、日本のこれからのまちづくりの一つのキーコンセプトになるのではないかと思います。

特に地震に見舞われ、津波を受けられて、土地が限られて、また高齢者がたくさんいらっしゃる、障害者の人もいらっしゃるといった場合、ある程度限られた、限定されたところに居住するには、利便性、お互いに助け合うというソフト面だけではなくて、私どもで言えば病院、福祉施設、図書館などの社会施設がこれから必要になります。さらに、最近は多分熊本でもそうかと思いますが、〝買物難民〟の問題です。高齢者にとっては日常の生活にも不便が起きます。ですから地域の中に商店街、商店を再び復活させることも必要です。また被災地域は津波の被害に遭っていますので土地が限られているということになれば、コンパクトシティという考え方が重要です。実際に三県ではそういう方向を目指す地域も出てきています。

その場合、問題が二つあり、一つは自然環境です。そのように集まって人口密度が高いと、自然環境の点でいかがなものかという問題があります。コンパクトシティの周辺に豊かな自然環境を確保するというようなことも必要でしょう。また仕事の面、仕事がどこにあるんだということになると、これは非常に難しい課題でして、私がやっているソーシャルファームづくり運動はコンパクトシティの中でもできる部分がございます。

ただ、一般的に若い人はコンパクトシティの外に工場なり事業所を設置するという形態が可能じゃないかと思います。その場合、私の田舎の富山市のように、ＬＲＴという低床で騒音の少ない電車の活用というものがコンパクトシティと職場を結びつけるものにならないかと思っています。

共通理念でつながる社会の創造

それから下地先生のご提起にある、震災というのは人間の新しい価値観の変更を迫るものではないかという問題提起がありました。そのとおりだと思うのですね。人間というのは単に本を読んだだけとか、考えただけでは価値観の変更はなかなかできません。むしろ今回の震災のようなつらい経験をし、そこを乗り越えるために新しい価値観が出てくるのです。

特に今回の震災というのは、人間の文明は何だったのか、経済の発展は何だったのかという部分に思いをはせざるを得ません。それから例えば企業が生産活動してＧＤＰだけを目指してきたということは正しかったのかということについての反省も迫られます。これは理屈の上では、昔からみんなそう思っていたと思うのです。しかし今回の震災を実際に体験し、真剣に考えざるをえないように追い込まれてきました。

ですから、例えば環境、今日のテーマである福祉環境学の面から言えば、自然との共生をいかに進めるか。また東北地方でも、比較的人との結びつきがある地域でありながら、人との結びつきがだんだん希薄になってきている。そこで人との結びつきをどうしたらいいのか。

これは私の主張ですけれども、昔のように家族や地域社会の地縁のつながりを再び同じような形で取り戻せないのではないかと捉えています。それで新しい人と人とのつながり、私はある理念なり目標が共通した人がつながっていくのではないかと思っていますが、そのような人とのつながりを求めていくという社会を作っているのではないかと思っています。

生涯続けていく学問を

それから花田先生の発表された学問のあり方ですが、私は実は三十年年前から大学での講義も合わせて進めております。教えた大学は十を超えます。そのような大学の教育を通じていろんな研究もさせていただいたのですが、なぜ学問をしてきたかというと、例えば私は国家公務員として平成十八年まで勤めていましたけれども、国家公務員としての仕事をより充実したものに、より中身の濃いものにするには、学問というのが必要なのです。日本の国家公務員はもうちょっと離れた高い位置で、もしくは第三者の目を持つ目が必要ではないか。それを養ってくれるのが学問だと思います。その点、私は大変恵まれていて、許可を得まして大学の先生を三十年近くやらせていただいたことがあって、仕事の面で大変に役に立っております。

学問というのは大学だけでするのではなく、生涯続けていくものだと思います。そしてどんな職場にしろ、学問と実際に今している仕事との相互交流をやっていく。つまり、現在やっている仕事を学問的に見たらどうなのか、また学問をしていて、これを自分の仕事にどういうふうに生かせるのかという相互交流をずっと生涯続けていくべきです。そうすると社会のあり方について人間として正しい方向を常にチェックできるかと思っています。

障害者の視点から自然災害とどう付き合うか

東　俊裕

ちょっと大きな話ですが、復興に向けてどういったまちづくりが望ましいかということで、障害者団体もいろんな意見を挙げているところです。もちろんバリアフリーとかユニバーサルとか一般的な話もあるのですが、大きな自然の前にはいかなるものを作ろうと、人間の力というのは非常に弱い。ですから人間は自然災害をなくすとか防ぐということではなくて、ある意味、どう付き合うかといった視点が基本になるのかと思います。

そういう視点から見ると、車社会を中心にした都市は非常に災害には弱いと思うのです。信号機一つ、電源一つ機能しなくなると、車での移動はさっぱりできません。田舎であればあるほど、信号機、構造物が少ないから大丈夫なのですが、都会になればなるほど、一つシステムが狂うとすべてが機能しなくなる。だから都市もできれば小さいほうがいいし、機能もそんなに複雑でなくてシンプルなものがいいかと思います。

ただ、障害者が逃げる場合は、どうしても移動という面からみると自動車とか人工的なものに頼らざるを得ないという矛盾みたいなものがあるのですが、そこをどう組み合わせていくのかというのが大きな課題です。

それと仮設住宅は、本来はあるべき姿で造られる必要があったのでしょうが、実際の仮設住宅を見ていくとミスマッチばかりです。必要なところに必要な形の設備が整っていない、障害者のところに何であんなバリアフルな仮設を持ってくるのか、そういったものが本当に目立ちます。それはひどすぎるから目立つのかも知れません。実数として多いのかどうか分かりませんけど、本当にそういうのがあります。

例えば、足が動かない高齢者の方に割り振られた仮設住宅が、地面から入口まで一メートルぐらい高さがあるのです。そこに階段が三つぐらいありますけど、手すりもない。家の中に入ればどうかというと、トイレはあるものの、使えないからポータブルトイレをわざわざ購入しなきゃならない。お風呂にも入れない。仮設で応急だからしょうがないという面はあるのでしょうが、そういう失敗を今後のまちづくりには反映して間違いないようにしてほしいと思います。

公的支援を前提にした新たなつながり

今、埼玉県の高校に双葉町の町民のかなりの方が集団で避難されています。双葉町の方はああいう形で、従前の人と人とのつながりを保ちながら避難されています。しかし人と人のつながりが、ある意味まちづくりが進んでいくとなくなっていく、地域性がなくなっていく、地縁血縁がなくなっていくという側面もあります。だからまちを造る場合には、人と人とのつながりがよりしやすい形のまちづくり、そういうものが望まれるのではないかという感じを持っています。

人間の価値観とか普遍性についての話が下地先生から出ましたけれども、この間に言われたキャッチフレーズ的な言葉でいうと「絆」はどこでも言われてきました。この絆というのは、本当に大事なことだろうと思います。しかしこの絆をどういうふうに使うかというのは、人それぞれ違いがあります。今も言いましたけれども、東北の地方都市に行けば行くほど、障害者は地縁、血縁の支えによって生きてきて、入所や通所のほかはほとんど公的なサービスを受けていない。そういう状況だったのだろうと思います。やはり行政に助けを求めるといったことがはばかられるような風土がまだまだ強いという感じがしました。だからこそ地縁血縁で頑張って、濃密な社会があったかと思います。

そういった地縁血縁が地震、津波、原発によってなくなってきています。それを支えるのは公的支援しかないのです。全く個人の力に任せられた絆ではなくて、公的支援によって支えられた人間と人間の関係を考え直していく。障害者だからと後回しにされてきた社会、近代化はそうなっていくのですが、でも逆に言えば、近代化の波にあまり飲み込まれていない、福祉も発達していない、そういったところに人と人とのつながり、非常に大変な状況だけれども、障害者も含めてつながりがあった。このつながりをそのまま復元するのは不可能ですけど、そこに公的支援を前提にした新たなつながりをどう作っていくのかというあたりが問われているところかと思います。

現場との距離感を埋めるために

それと花田先生が水俣のことで怒りを込めておっしゃっていますが、僕も水俣病訴訟の代理人をやっておりましたので気持ちはよく分かるし、今の関係で言えば、私は政府の役人ということもあってあまりストレートに言えないところもあるのですが、震災のことを見ていても、障害の現場のことを考えても、霞が関から遠い話なのです。現場そのものではない、遠いなと思うのです。やはり現場に行かなきゃ分からない。

でも、中央の人間が全部現場に出かけて行くわけにもいかない。そこで学者さんが重宝されるのです。現場のことを理屈でまとめて審議会などで話してくれる、それをうまくまとめて政府の施策に反映させていくということなのだけど、どちらかというと、実施しやすい施策の根拠を与えてくれそうな学者が採用されているという現実もあります。だから学者さんがどの立場に立って、どっちの目線で理屈を作られるのか、そこは学者さんの生きざまの話、価値観の話なのでしょうけど、学者という限りにおいては歴史的な評価に耐えられるような実績を残していただきたいと思うところです。

新しい事実の出現を受け入れる

下地明友

放射線被曝の問題と原爆の六十六年後の後遺症の問題についてですが。これは水俣病の問題と非常に重なっています。結局、現在の国の認定基準というのは、これが非常に壁になっているのです。けれども実際は現実の生の体の変化というのは、まだ分からないことが多いのです。日々新たに新しい事実が発見されつつあります。発見されつつあるけど、基準がある時点で固定化してしまって動かない。

科学の領域ではよく仮説だとか何とかいいますよね。けれどもずっと以前の仮説が基準になってしまっています。だけどもその後新しい事実がどんどん出てきている。それを取り入れて基準を変化させていかないといけない。その作業を我々は怠ってきました。それも一つの失敗だと思います。それをいかに生かすかというのも大きな問題です。

原爆、水俣から福島へ、いのちのつながり

それと原爆の問題で言いますと、福島の問題もそうだけれども、なぜ放射能が身体的に害を及ぼすのか。その際に問題を、テレビもメディアもそうなんだけれども固形ガン、甲状腺ガンとか、血液のガンとか、そういうのを話題にしている。しかし実はそれ以外の障害も様々あるのです。様々あるけれども、分かりやすい場所というか、ことに話題を集中してしまう。

これは水俣病の問題もそうですね。感覚障害うんぬんとか感覚障害があればとか、実は感覚障害がなくてもたくさん障害があります。

じゃあそれがどういうメカニズムで福島、原爆、水俣とつながっているかというと、それは命がつなぐということと関係あるのですが、遺伝子の問題もあるのです。それから最近では遺伝子のつながりというよりも、むしろ遺伝子の発現をオンオフするエピジェネティクス、新しい概念ですけど、これはチェルノブイリで盛んに研究されていて、それは予測がつかないのです。予測がつかないというのは、十年後、二十年後、三十年後とどう変化していくのか。さらにこれは次世代につながるのです。ですから命がつながると共に、エピジェネティクスによるいろんな問題点も実はつながっていっています。

なので、あるデータを基に、ある時点で大規模調査をしてその結果を「問題なかった」とか、そこで「調査しましたので、結果がこれです」と言われてもらうと困ります。それ以後もどんどん変化しますので。

福島の問題、水俣の問題、原爆の問題、これは共通の問題があって、命がどうつながるのか、次の世代へどうつながっていくのか、環境と人体との相殺の問題なのか。いろんな問題がかかわって

きて、東先生が言われた公的領域であらゆる立場の人が声を出し合うというか、そういう場所が問題であると思います。

差別と環境問題

花田昌宣

日本あるいはアジアは地震、台風などの災害が多く、自然災害と共に生きる社会ですが、ヨーロッパではどうかという話です。まずヨーロッパとはどこからどこまでをいうのか。トルコをヨーロッパにすると大地震がありますね。

私は十年間フランスに住んでいましたが、確かに日本のような自然災害というのは稀です。自然との付き合い方は違うかと思います。私の力点は環境問題に、福祉の問題、両方とも社会のあり方の問題だろうと。ヨーロッパの社会とアジアの社会あるいは日本とは社会の仕組みが違うので、当然同じ学問にはならない。

その上で一点だけ言わせていただきます。私がフィールドにしておりましたスリランカという国があります。五年間ほど毎年通っていました。インドネシアでスマトラ沖大地震が起きたときに大きな津波が来て、スリランカも津波にのまれました。私が調査に入っていた一つは漁村でした。漁村で海岸に住んでいるのです。この人たちは住民登録のない人たちです。その人たち、海辺の民がすべて流されてきました。「お前よく調査に来たな、うちのを嫁にもらってくれんか」と言ってくれた人の家も流されました。記録にも残ってないです。ちょっと山の手に上がりますとしっかりした家があって、そこは流れてないのです。

先ほど東先生も下地先生も言われましたけど、差別のあるところに環境問題が起きています。こうやって人の命が失われるということを体験して実感しました。同じことが東北に起きたと思います。そういうことを問題にしたいと思っています。

環境福祉のまちづくりと復興

炭谷　茂

私あての質問をいただいて、なぜ福祉は縦割りになるのかということですけど、実は福祉のパラドックスというのがあります。福祉サービスを行おうとした場合、必ず要件を付けますね。こういう人に対してサービスを出すようにしようというために、それぞれの制度を作れば作るほど、縦割りになっていく。こういう場合にこういうサービスを提供しましょうというような制度になるために縦割りになってしまう。これが制度的な事由です。

一方、政治的といいますか、行政的な理由としては、これは役人もそうですし政治家もそうなんですけど、制度を作りたがるのです。現在ある制度や法律を直せば済む話を、法律を作ったほうが役人として出世できるとか、政治家として手柄になるとかになると、細かい制度が次々にできるのです。すると先ほどのような理由で縦割りになってしまうのだろうと思います。

それではどうしたらいいのか。私は、日本の福祉制度はあまりにも細かすぎると思います。例えば国によっては老人福祉法なんてないのです。これはみんな障害者福祉法に、高齢者がなぜ福祉が必要になるかといえば、障害というものに着目して必要になるわけですから、障害福祉法の中に含めたり、場合によってはすべてが一緒に、そんな障害者、高齢者というふうに分けないで福祉サービス法という一本の法律にしてしまう。そうすると縦割りも何もなくなってしまいます。

ですから日本の制度をもう少し大くくりにする。できれば一つの制度でいいのではないかと思うぐらいです。そのあたりは日本のこれからの福祉のあり方だろうと思っています。

それからほかの質問で大変興味のあったのは就労の問題です。私も同じく就労の問題について取り組んでいますので、障害のある人、また刑務所から出所した人やニートなどの若者のための就労づくりをやっておりますので、ぜひこういう形が成功するようにお祈りしております。

また現場の感覚の必要性、これは福祉なり環境をやる場合の一番の基本だと思うのです。私は日本の貧困な地域、スラム街を含めて、そういうところを歩いています。貧困の地域については、そこに住んでいる人よりも詳しいという自負を持っています。被差別部落もかなり大きなものはそこで滞在したりしています。現場が重要だというのは非常におっしゃるとおりだと思いますし、またネットワークも非常に重要です。私は例えば刑務所から出所した人の支援活動、これも現在ネットワークを作ってやっています。またホームレス、これは文字通り団体名がホームレス支援ネットワークという団体を作って、その一員として参加をしています。

最後にまとめとして、私は今日のフォーラムは大変勉強になりました。ぜひ震災に対する今後の課題も含めて、これからの環境や福祉において必要になる、例えばソーシャルインクルージョンとか、環境福祉のまちづくり、またソーシャルファームとか、それからコンパクトシティのシステムは、震災の地域だけではなくて、日本全体にとって大変重要な方向だと思います。その実践が被災地でなされれば、被災地域の復興につながっていくように思います。私自身大変勉強させていただきました。どうもありがとうございました。

東北の現実を一人ひとりの課題に

東　俊裕

やはり人間は同じことを何度も何度も経験して、同じ失敗をいつまでするのだということしか歴史の結論はないのかなという感じがします。でも何度失敗してもそこで生きているのは人間ですから、良い社会を作っていかなければならない、これも人間の宿命だと思います。

今は障がい者制度改革推進会議という形で制度改革にチャレンジしています。このチャレンジもどれほど成果が上がったのかと言われると、非常に心もとない。また差別禁止法の制定に向けて、そのまとめを今からやろうというところです。ただ、差別撤廃、禁止法というのは日本の法体系にはあまりなじみのない、学者さんとしての議論もほとんどないという状況の中で、どれほどのものができるのか分かりません。非常に形式的なもので終わる可能性も十分あります。

ですから日本におけるこういう改革の歩みも、本当に遅いところもありますが、やはりどんな状況にあっても自分たちの生きている現場、地域社会そのものから、その現実から目をそらさない。そこから出てくる課題を正面から受け止める。そして一人一人がそれをできるところで変えていく。それを、少しずつ幅を広げて地域の運動にしたり、大きな国の運動にしたり、そういうことが日々求められていると思います。

これまでの日本の社会福祉の到達点が何だったのか、本当に東北の現場に立つと限界を感じました。そこで見てきた現実は、実は熊本の現実でもあるのです。被害があったから見えてきているだけで、熊本は根本的な問題はないのかといったら、本当は問題はいっぱいあると思うのですね。ですからわが身の話として、他人事ではなくわが身の問題としてどう受け止めていくのかが、一人ひとりに課せられた課題でもあります。社会自体に課せられた課題でもあるし、国というレベルでもいろんな立場の中で一緒になって変えていければという気持ちで今日はおります。ありがとうございました。

水俣と福島の現状

水俣病の経験と福島の被害―水俣学からの問題提起

花田昌宣

はじめに

二〇一一年の「3・11」は、いったい何を私たちに教えてくれるのか、このことを公害の原点、水俣病の経験と教訓をふまえて考えてみようというのが本章の趣旨である。水俣病の発生が公式に確認されたのが一九五六年であり、すでに六十年近い歳月が流れている。しかしながら、九州以外では報道されることが少ないため、まだまだ問題は解決していないことはあまり知られていない。二〇一二年七月に締め切られた水俣病患者救済策のもとで実施された施策には六万五千人もの水俣病の症状を持つ人が申請した。水俣病被害の全貌はまだまだ明らかになっておらず、現在でも、水俣病にかかる訴訟も水俣と新潟を合わせると七件争われている。水俣病が終わったなどとはとてもいえない状況が続いている。

こうした中、二〇一二年六月他界した原田正純氏（半世紀にわたって水俣病に取り組んだ医師、元熊本学園大学教授）と「人類の負の遺産としての公害、水俣病を将来に活かす」ことを考え、熊本学園大学に水俣学研究センターを立ち上げて十年になる。

私は、二〇一一年三月十一日の大震災とそれに続く原発事故の報道に接して、直ちに現地を訪れることを計画した。水俣学研究を進めている私たちにとっては、出発点は現場であり現地の人々である。それにしても、私がいる九州、熊本からは東北は地理的にも心理的にも遠い。なんとか現地にいる友人と連絡がつき、その様子を聞きながら東北に行くことができたのは四月も初旬のことであった。このときは、岩手、宮城、福島の三県の海岸を車で回った。荒涼とした現地に立って初めて、新聞やテレビの報道が伝える事柄を、実感を持って理解できるようになってきた。そして、五月にはいると、メディアや市民団体から福島原発事故を水俣病の経験からどう見るのかと幾度も聞かれるようになった。現地を回っているとき、その光景や地元の方の話を聞き、経験を共有する研究者や友人たちの間では饒舌にいろいろと語る自分がいたのだが、私の脳裏に残る大震災直後の光景、そして失われたいのちと暮らしは、人前でそうやすやすとコメントすることを許さなかった。原発事故についても、同様であった。たしかに表面的には、水俣病が半世紀前におかした過ちを政府と東電が繰り返しているように見えた。情報隠しと情報操作、そして責任回避が目に余り、さらに専門家と称する人たちが登場して、安全の語りを繰り返すにいたっては、水俣病の失敗の再現かとさえ思えた。そんなことを考えながら、求められた講演などでは自分の考えていることを話したが、自分自身では得心のいく話はできていなかった。その思いは今も変わらない。

その年の六月にも改めて三県を回った。少しは現実が理解できるようになってきた。現場を歩き、風景を目に刻み、人々の語りを刻んでいきながら、改めて、分かる事柄が多い。震災・津波の被災者の話を聞いて、私にとって一番の衝撃は生き残った人の語りであるということだった。津波の直後、行方不明になった家族や縁者を探して、毎日何カ所もの遺体安置所をめぐる人々の言葉は重い。

生者と死者とが同じ空間と時間で共存している。じつは、水俣においても同様であった。なにも、哲学的な議論をしようというのではないが、ただそこからしか始まらないということを痛感したことを刻んでおきたい。

とはいえ、震災と原発事故を客観化して理解する気分にはならなかった。二〇一二年九月、改めて仙台から南下して、南相馬、飯館村、福島市に入り、さらに双葉町を訪問して、ようやく少し落ち着いてこの大災害に関して何ごとかを語ることができるような気がしてきた。

その一方、水俣では、水俣病特措法に基づく救済策が進むと同時に加害企業チッソの分社化手続きも少しずつ進められていた。水銀条約を水俣条約と命名するなど、水俣病を終わったものとし、教訓ならぬ教訓を発信しようとする動きにいらだつ他なかった。

さらに二〇一三年に入って、三月と九月、改めて福島県を訪問し、双葉町、南相馬市、飯館村、福島市等をまわり、関係住民や避難者、自治体関係者のヒアリングを行った。二〇一四年夏には地元の大学研究者と二日間にわたり、討論と現地訪問の機会を持つこともできた。そこで確認されたことは、以下本論に述べることに加えて、ことの発端から感じていたこととはいえ、地域の分断、あるいは住民の利害対立等と表現される種々のあつれきが顕在化していることであった。本来、東電あるいは国に向けられるべき主張が、住民間の意見の対立としてあらわれるという事態が出来《しゅったい》していた。これもまた、水俣で見られたことであった。

ところで、遠くから見る人は、水俣でも福島でも同じように「棄民化政策」がとられているという。大枠において外れているとは決して思わない。しかし、そうした言説だけでは、地域で苦闘し苦悩している人々には、思いはとどかない。原発事故に関しても、福島県内でもまた県外でも人々の暮らしは実に多様であるし、求めるものもさまざまである。水俣においても、水俣市、北部の葦北郡、対岸の天草の島々、さらに鹿児島県側と広範に被害は広がっており、実に多様である。それをひっくるめて「棄民化」とかたづけてしまうことは、耳障りはいいのかもしれないが単純にすぎるような気がする。地元に渦巻く葛藤へ共感と傾聴をふまえて、そうした多様な人々と道行きを共にする意識を持って、地域に内在する場合にその言葉は生きてくる。

一　水俣病でかつて見たことか

たしかに、水俣病事件からこの度の東北大震災と福島原発事故を見ていると、あたかもかつて水俣が経験したことを繰り返しているように見えた。「水俣病の教訓」を活かしていれば、このようなことの多くは回避できたはずという考え方もある。そこで、まず、水俣学研究という、水俣病事件という負の経験を将来に活かそうとする視点から、考えてみたい。論点は数多くあり、いきおい駆け足になってしまうことを恐れず整理してみよう。

水俣病事件史のフラッシュバック：事実の隠蔽と情報隠し

事故直後の東電・政府の対応を見ていると、事実の隠蔽と情報隠しがあまりにも露骨に見えた。これは、水俣病発生の初期にも見られたことである。水俣病を引き起こした企業チッソは、都合の悪い工場内の情報は隠していたし、そもそも工場内の立ち入りさえ認めなかった。工場内で廃液を与えたネコが水俣病にかかった有名なネコ実験のデータも裁判で表面化するまで隠し続けていた。

国や熊本県も、水俣病の原因が水俣湾の魚貝類であることが明らかになってからも流通や販売の規制や摂食禁止措置をとることもなく、工場排水の規制をすることもなく被害は拡大していった。

加害責任を想定外の事故と言い替え

チッソは、一九六八年九月、政府が公式見解として、水俣病の原因が水俣工場の有機水銀に起因すると発表した後は、工場の排出した有機水銀が水俣病を引き起こすことは予見できなかったと主張していた。一九七三年三月に判決が下された第一次水俣病訴訟においては、「安全性確保義務」が危険物を扱う工場にはあることが認められ、チッソの主張は退けられた。

いっぽう、東北で大地震が起き、またこのような大津波が起きることも想定外だったのだろうか。二〇〇四年に起きたマグニチュード9・1のスマトラ沖地震では津波によって死者二十二万人を出している。その記憶はまだ新しい。三陸地区では歴史を見れば幾度も大津波を経験している。歴史に学ばないものだけが想定外などということができるのであろう。さらに、それによって福島での原発事故が想定外の地震と津波によって引き起こされたなどという主張が通用するわけではない。仮に想定していなかったとすれば安全性を確保する基本が分かっていなかったにすぎない。

専門家達の対応

水俣病においても、チッソ寄り、国寄りの主張をする学者たちが多く登場した。水俣病の原因を腐敗した魚のアミンが引き起こしたという説（清浦雷作東京工業大学教授）の例は有名であるが、今日も国側の立場に立って水俣病を否定しようとする医学者、認定基準を狭隘化しようとする医学者が多い。そうした研究者には膨大な研究費がつぎ込まれている（津田敏秀『医学者は公害事件で何をしてきたのか』岩波書店、岩波現代文庫、二〇一四年）。今回の原発事故で、「原子力ムラ」と呼ばれる学者たちの存在が広く知られるようになった。つぎ込まれる研究資金も膨大である。こうした学者たちが作り上げてきたのが原子力安全神話ではないか。

いま、福島県民健康管理調査が進められている。この調査に関する種々の問題は別に置くとしても、甲状腺がんの発症が増加していることが確認されているが、委員の医師たちの議論は、「実効線量一〇〇ミリシーベルト以下の明らかな健康障害は確認されていない」という前提に立ち、かつ甲状腺がんについてはチェルノブイリの例を見ても五年後に発症が確認されるものであり、現在確認される甲状腺がんは事故前のがんである、とされているようだ。公表されるデータを見ている限り疫学的な検討がなされた形跡もなく、不信を増幅させるものだ。

補償責任と会社救済

原発事故に伴う損害賠償、被害補償はまだまだこれからの話であるが、二〇一一年八月成立した原子力損害賠償支援機構法（二〇一四年八月に改正されて、原子力損害賠償・廃炉等支援機構法）により、東京電力は救済された。

水俣においては、チッソに対して一九七八年より熊本県債発行という複雑なスキームを介して膨大な公的資金が投入されてきたし、二〇〇九年の特措法によって、チッソが分社化され、水俣病の賠償責任を負わない新会社の設立が認められ、事業はそちらに引き継がれた。加害企業が救済され、被害者の救済がなお課題を残しているという現状は、原発事故の将来を描くものなのだろうか。

東北そして九州の寒村

さいごに、水俣病が起きたのは、熊本県の最南端、鹿児島県との県境の水俣市である。塩田と林業、加えてささやかな漁業と農業からなる町であった。県都からは遠い。まして東京からみれば、はるかに遠い異境の地であった。その町にチッソが誘致されて百年を超える。チッソ水俣工場は水俣の「繁栄」を作り出した。この工場は戦前から幾度も漁業被害をもたらし、その度にわずかばかりの見舞金で済ませてきた。その工場が水俣病という公害を引き起こしたとき、工場は住民によって糾弾されることもなく、むしろ会社を相手取って訴訟や自主交渉を挑んだ患者たちが、会社をつぶしてどうしようというのかと非難された。その頃は、患者数は百人前後であり、人口四万人の町では、ごく少数派でしかなかった。大多数の住民や地元商工業者はチッソによって恩恵を被っていると思い込んでいた。

そして、いま、水俣病によって水俣市が衰退したかのようにいわれている。事実は全く逆である。水俣病が公然化した一九六〇年代、チッソは生産拠点を千葉県に移転し始めていた。一時期は五千人もいた工場従業員は、現在では五百人ほどになっている。水俣病患者への補償の完遂と工場の存続ならびに雇用保障を訴えていたのは、水俣病患者の訴訟支援に立ち上がったチッソ内の労働組合であった。

いうまでもなく、福島原発の立地もまた東北の寒村であった。東北のみならず原発の立地する地域は敦賀であれ、どこであれ、大方貧しい地域であった。これらの町、村は原発で繁栄したといえるのであろうか。3・11以降も同様にいうことができる人がいれば、あまりにも無責任であろう。原発誘致を進めていた双葉町の井戸川前町長は、事故後一年経った頃、私たちの訪問調査でのインタビューに答えて、「福島第一によって電力を享受していたのは東京の人たちであり、私たちには放射能が残った。いま、町民は流浪の民となったのであります」と語りだした。

水俣の海では現在、水銀濃度は低下している。しかし、水俣湾は埋め立てられ、五八・二ヘクタールの埋め立て地には膨大な水銀がなお埋まったままである。何よりも水俣病特措法に定められた救済策に申請した約六万人五千人に過去の認定者やさまざまな救済策の対象者を加えれば、十万人に近い被害者が生み出され、なお潜在している被害者は少なくない。これがチッソと日本社会の繁栄の代償といって済ませることはできないと思う。

二　公害の原点としての水俣病：いま、改めて水俣病を語る意味と語り続けること

ここで、少し長い時間的なスパンで物事を見て、水俣病の半世紀以上にわたる歴史と現状を福島原発事故と重ね合わせながら、改めて水俣病事件とは何であるのか考えてみたい。そのために二つの視点から見てみる。一つは公害事件としての水俣病である。かつて四大公害事件として日本の公害が社会的に問題化されていた頃、公害とは何かという議論がなされた。その視点である。もう一つは、その中でも水俣病とはそもそもどのような特徴を持った事件であるのかということである。こうした議論を見ていれば、福島の特徴も見えてくるであろう。

公害とは人為的な環境汚染とそれによる被害の総体をさす。私的な企業活動が、公的な領域に広く被害を及ぼすという程の意味である。それは、分かりやすくいえば、自然と環境を破壊して、人のいのちと健康を傷つけた事件ということである。もちろんそれを容認しあるいは陰で支えた国や

行政の関与も無視はできない。

被害は弱いものに

公害事件が起きれば、自然環境の破壊と健康への影響は、住民への一方的加害としてもたらされる。そこでは、被害者と加害者の立場が入れ替わることはない。あるいは被害―加害の非対称性と表現できよう。これを原田正純氏に倣って分かりやすくいえば、「被害は常に弱いものに及ぶ」ということだ（原田正純「水俣学と倫理」花田昌宣・原田正純編著『水俣学講義』第五集、日本評論社、二〇一二年）。

公害は、交通事故などの通常の生命身体に対する侵害の場合と異なり、常に企業さらには公権力によって一方的に惹起されるものであって、被害者は加害者の立場になり得ず、また被害者が容易に加害者の地位にとって替るということはない。ときに被害者は「社会的弱者」と呼ばれるのであるが、被害者が社会的弱者であるという直接的な意味以上に、社会的弱者が被害者になりやすいということが含意されている点が強調されなければならない。

公害を避けることができたのか

第二に、公害は自然環境の破壊を伴うもので、当該企業の周辺住民らにとってその被害を回避することはほとんど不可能であり、しかも多くの場合、被害者側には過失と目される行為はないことである。

大気であれ、水であれ、日常生活の中で当たり前のように享受する自然の豊かさが人体に危害を及ぼすということを前提にして暮らすということはあり得ない。だからこそ、こうした自然環境が有毒になれば避けることなどできない。ましてや、水俣においては、法に基づいた漁獲規制や摂食規制など一度もされたことがないのであるから、避けることなどできようもなかった。

不特定多数の広範囲な地域の住民の被害

第三に、公害による被害は不特定多数の住民に相当広範囲に及ぶので、社会的に深刻な影響をもたらす。この例をあげれば四大公害事件をはじめ枚挙にいとまはない。水俣病においては、当初は百人前後の被害者といわれていたが、汚染は不知火海一帯に広がっており、さらに汚染された魚の流通ルートをたどれば、影響を受けた住民数は数十万人に及ぶことが想定できる。

それとともに、また加害者側において負担すべき損害賠償額が莫大になると予想される。ただし、このことが、淡路剛久も指摘しているように（『公害賠償の理論　増補版』有斐閣、一九七八年）、被害補償の低額相場への道を開きがちなのであるが、発生当初において適切な対応をしていれば当然防げるはずのものであるから、広範囲の被害と予測不可能性さらには低額補償を混同してはならないことは指摘しておかなければならないであろう。

環境汚染による被害の共通性：同一の生活環境での被害

第四に、公害はいわゆる環境汚染をもたらすものであるから、同一の生活環境のもとで生活している付近住民は、程度の差こそあれ共通の被害を蒙り、家庭にあっては、家族全員またはその大半が被害を受けて、いわば一家の破滅をもたらすことも稀ではないことである。

原田正純氏が「環境汚染による中毒は、病気の人にも、健康な人にも、子どもにも、老人にも、そして胎児にまでも、差別なく襲いかかる」（原田正純『水俣の縮図　弱者のための環境社会学』立風書房、一九九二年、四五頁）と論じるように、水俣病の健康被害は、差別なく襲うのであり、そこに共通の被害が生じるのである。この点は福島原発事故においても全く同様のことがいえる。

被った被害は取り返しがつかない

公害においては、原因となる加害行為は当該企業の生産活動の過程において生ずるもので、企業はこの生産活動によって利潤をあげることを目的としているが、被害者である周辺住民にとっては、右の生産活動によって直接得られる利益は何らないことが指摘できる。しかも、被った被害は取り返しがつかない。

公害を引き起こした企業は加害行為による経済的利益を得ているのであるが、被害者にとってはそれによって得られる利益はない。つまり仮に何らかのリスクを引き受けたとしても、それによって利得を得ることはない。公害による被害を被る住民にはリスク論は通用しないのである。

三　現在人類がはじめて経験した公害としての水俣病事件

環境汚染を通しての人間への被害

そもそも水俣病事件が発生したこと、その特異な発生機序が人類史上稀有な出来事であった。水俣病においては、チッソという企業による環境汚染が、自然の物質代謝システム（生体濃縮）

によって有機水銀をはじめとする重金属が魚貝類に蓄積し、食物連鎖を通して人体と地域社会に大規模で深刻な被害（＝障害）をもたらしたのである。自然環境を汚染し、食物連鎖を通して、人体を破壊するものであることこそが、海からの産物を生活と生命の糧とし自然との交歓の世界に生きる民にとっては、そもそも知ることのない経験に他ならなかった。

水銀中毒自体は、すでに古代より知られており、また白癬菌の治療薬としても用いられていた。しかし、これらは直接中毒であり、水俣病とは発生のメカニズムを異にする。

チッソによって排出された毒物は海水によって希釈されるどころか、生態濃縮を通して魚貝類に高濃度に汚染が蓄積し、人々はそれを摂食し続けたのである。不知火の海は今も昔も風光明媚な豊饒の海であり、汚染された魚貝類とて、外見上の区別はないのである。初期に自然環境の異変が起き、動物や魚が変調を来すことがあったとしても、住民にはそれが何に由来するものであるか、ついぞ知らされることはなかった。

胎児性水俣病の発生

また、胎盤を通して汚染が胎児に影響を与えた胎児性水俣病も人類初の経験であった。母親の胎盤を通り抜けた有機水銀によって胎児が障害を受けるという、当時知られていなかった機序によって、水俣病が引き起こされた。さらに人類初の経験となった胎児性水俣病被害は、身体的被害だけでなく水俣病公式確認後六十年近くを経た今、胎児性の患者のみならず家族もまた高齢化したことで家庭内介護の困難という新たな問題さえ起きてきている。これを公的な社会福祉サービスの課題だけに限局するのは問題のすり替えであって水俣病被害の新たな様相といわなければならない。

責任の重大性

しかし、人類が未経験の公害事件としての水俣病被害であるということが、加害者を何ら免罪することにはならないという点は看過されるべきではない。水俣病事件史をひもとけば分かるように、最初から水銀の有毒性が知られていたことは当然のこととして、安全性の考え方の無視、被害の発生以来の企業による原因究明の妨害から始まる権利妨害の歴史は、加害責任の大きさを示すものであれ、なんら責任を軽減されるべき余地はない。

作り続けられる負の遺産、加害行為の継続

初期の段階で対策がとられていれば、水俣病の発生は防止し得なかったとしても、被害の大きさを限局することはできたはずである。原田正純氏は、水俣病を人類の負の遺産として将来に活かすべきであると主張し、多くの理解と共感を呼び、水俣学という新たな学問分野を創成した。この学的営為は、まさに水俣病事件史とともに歩み続けてきた同氏の事実に裏打ちされた主張なのである。

負の遺産という意味は、何よりもいったん引き起こされた環境汚染とそれがもたらす被害が不可逆的に進行するということを第一の出発点とし、事件史上、何度も立ち止まって、発生の防止、拡大の防止、迅速なる被害者の救済など、そのつどなすべきはずのことがなされてこなかったことをさす。

被害発生後の原因究明の歴史もまた驚くべきものがあった。原因企業のチッソは原因究明に非協力的であるどころか積極的に隠蔽しようとしてきたが、それは水俣病訴訟において断罪されたところであり、刑事裁判でも一九八八年には最高裁判所で元社長ならびに元工場長に業務上過失致死傷

罪で禁固刑（執行猶予付き）の有罪判決が確定している。

それのみならず、国や行政もまた事実を隠蔽し、原因究明を妨害してきた歴史もまた、明らかになった。水俣病を公害として認めてチッソの工場廃水がその原因であることを正式に認めたのは一九六八年、水俣病の発生が確認されてから十二年後のことである。

さらに、一九五九年末、困難にあえぐ患者家族に対してチッソは原因が自社工場にあることを知りつつ、後に水俣病の原因が工場にあると分かっても補償要求はしないという条項を盛り込んだ「見舞金契約」という恥ずべき「救済策」を押し付けた。これにあたっては、熊本県商工水産部長や同工鉱部長が立会人として署名するなど、行政も深く関与している。

このように、水俣病五十数年の歴史そのものが負の遺産と呼ばれるにふさわしいものである。国、熊本県がその反省の上に立つことを要請され続けてきているにもかかわらず、被害者切り捨て、被害の矮小化、真実の隠蔽を今日もなお続けており、いまなお、負の遺産を作り続けているものといわざるを得ない。

不知火海沿岸一帯の巨大な被害事件

水俣病は、当初その症状の重篤さと患者家族の悲惨な生活状況によって日本国中の注目を浴び、また一九七二年にストックホルムで開催された国連人間環境会議での坂本しのぶさんや浜元二徳さんら水俣病患者の訴えを通して海外にも知られるようになった。しかし、事の起こりより、いったいどれほどの被害の広がりがあるのか、ついぞ調査されたこともなければ、行政が有する情報も明らかにされてこなかった。二〇〇九年七月に公布された水俣病特措法に基づく「救済策」によって医療救済を受けるものを合わせれば、十万人にも上る被害住民がいるであろうことは容易に推計できる。これらの数字とて、あくまで本人申請主義に基づいて、自ら認定申請し、あるいは「救済策」に自発的に手を挙げた者の数字であり、この豊饒の海の沿岸にいったいどれほどの被害住民がいるのか、正確には把握しようもない。少なくともその母集団(有機水銀の影響を受けた可能性のある人口)は、熊本県の発表によると熊本、鹿児島両県の不知火海沿岸に居住歴のあるものは四十七万人に上る。(熊本県「今後の水俣病対策について」二〇〇六年十一月二十九日付)

いまや、われわれは、水俣病を一九六〇年代までの百人余り、あるいは七〇年代に認定された二千人あまりの被害者数の事件と見ることはできない。

水俣病とはこのような巨大な規模の公害病事件であるということを、今更ながら確認する必要があろう。すでに昭和三十年代にこうした巨大な規模の被害となることは予想し得たはずである。被害規模を矮小化することなく実態を直視すべきであろう。

金銭補償への集約：お金であがなえばすむことなのか

水俣病の被害に対しては、被害補償すなわち損害賠償は、現行法制度(および判例)からすれば、失われた利益(逸失利益)をカバーするもの、および苦痛・苦悩に対する慰謝料という金銭賠償のかたちをとる。果たしてこれであがなわれたといえるのだろうか。水俣の経験からはいくつかの問題点の指摘が可能だ。

第一に、被害が果たして金銭に換算しうるのかという根本的問題である。もちろん金銭による賠償が重要な役割と意味を持つことは認めながらも、その金銭賠償が意味を持つということはどういうことなのかを考える必要があろう。

水俣病においては、チッソが公害健康被害補償法による認定制度に基づいて認定された水俣病患者に対し、補償金（一時金）に加えて、年金や医療費などを支払う。チッソは、これらの患者に対しては補償金を支払っているので責任は果たしていると主張する。それ以外のこと（補償協定前文に記された潜在患者の掘り起こしや地域への社会的貢献など）については自らの責任外のような顔をしており、あまつさえ、同社会長がチッソの分社化によって「水俣病の桎梏から解放される」（二〇一〇年一月付チッソ社内報での後藤会長の年頭所感）などと主張する。

これでは、補償金の持つ意味は全くかわる。患者たちが求めていたもの、そして今も求めているのは「謝罪とそれに基づく償い」であった。また、第一次訴訟の判決を下した斉藤次郎裁判長は判決後に異例のコメントを出し「裁判は当該紛争の解決だけを目的とするもので、そこには自ずから限界があるから、裁判に多くを期待するのは誤りである。企業側とこれを指導監督すべき立場の政治、行政の担当者による誠意ある努力なしには根本的な公害問題解決はあり得ない。」と述べている。一九七三年のことである。

このコメントは実に正鵠を射たものであったが、それ以降の推移をみてみると、斉藤裁判長の期待に沿うことなく、被害者たちの闘いの意味が、近代的契約と認定／補償制度のひからびた論理に回収されてしまったようだ。

被害者に対する誠意こそが何よりも慰謝の出発点となる。水俣病の被害は、個人の健康が奪われたということにつきるものではない。病であるが故に迫害を受けてきたこと、名乗ることのできない差別体験、理解されず癒やされることのない苦痛、人によってさまざまな苦痛を経験してきている。それらは、たんに感覚障害、視野狭窄、などなどといった症状名には還元され得ぬ苦痛と苦悩であり、病が持つ社会的意味なのだ。それに対しては、たんに「個人への金銭賠償」であがなえるわけではない。チッソも行政も苦痛と苦悩を理解し、分け持ち、寄り添う等ということなどいっさいしてこなかった。逆に、真正の水俣病患者とそれ以外のものを分別し、誰が補償の対象となるかを争い、認められた人にいくばくかの補償金を支払うことが「救済」だなどとしてきたのである。

「被害」とは何か

被害とは何かを論ずるに当たっては「被害者の登場と贖罪の機制」(ミシェル・ヴィヴィオルカ『暴力』新評論、二〇〇七年)が問題にされるべきであろう。被害者は、加害行為を行った犯罪者が罰せられることをもってあがなわれる。加害者が罰せられることによって、被害を被った者が被害者となり得るということだ。水俣病患者が、その闘争の激しかった頃に主張していた「謝れ、金は要らん、体をかえせ」という言葉は、まずは加害者が罪を認め謝罪し、贖罪を果たすことを求めていたのであった。ところが加害者たちは、損害賠償を遂行しているので責任は果たしていると説明する。日本の法制度における民事賠償と刑事制裁のシステムからいえば、この説明は認められるべき近代市民社会の論理なのかもしれない。

ところで、あえて被害者の登場という物言いをするのは、水俣病事件史が、被害者が社会的運動と社会的コンフリクトの主体として登場し、水俣病を終焉させずに不断に新たな課題を示してきた歴史にほかならないからである。しかしながら、そのコンフリクトは被害と補償をめぐって展開せざるを得なかった。

被害の意味はもっと広いはずだ。健康被害の重篤さと長期慢性化、苦痛と苦悩およびその隠蔽、それに起因する生活障害の解明など、病があくまでも社会的に構築されたものであると考えたとき、水俣病とは何か、さらに水俣病被害とは何かが再構成されなくてはならないだろう。身体的あるいは精神上の苦痛や困難とそれに起因する生活障害だけに水俣病被害を封じ込めてはならないと思う。加えて、胎児期・小児期から水俣病被害を被っている場合、人生の進路の選択可能性の喪失、被害者の権能剝奪構造、水俣病に対する忌避感の強さと重層化する水俣病差別もまた、水俣病被害のスペクトラムの中に位置づけておく必要がある。

因果関係の証明という責任の転嫁

水俣病被害を考えるにあたって、本稿では詳しく述べるいとまはないが、いまなお、争われている因果関係について、福島と重なるところもあり、一言指摘しておかなくてはならないだろう。水俣病は、長期にわたる水銀曝露を受けたことによる慢性的な健康被害であり、中枢神経疾患であり全身性の症状もみられる。水俣病患者に対する被害の補償は本人申請主義の認定制度に基づいて、患者自らが申請する必要がある。ところが、水俣病に関する差別と偏見の強さから申請を思いとどまった人々が多数いる。その人々が何十年も経ってからようやく申請手続きをしているというのが現状なのである。現在増加しつつある被害者数は新たに病にかかったというわけではなく、これまで病を隠してきた人々の数なのである。

ところが、この人々が水俣病と認定されるためには、有機水銀の曝露を受けたことが証明されなければならない。初期段階で毛髪水銀や毛中水銀の検査がなされていたり、臍帯が残っていれば、また客観的な曝露指標となる。しかし、そのような調査はなされていなかったのであるから、現在の症状から、水銀の曝露を推定することになる。つまり、現在の症状と水銀曝露との因果関係を、汚染されたという事実によってではなく、症状から推定するというきわめて倒錯したことがなされてきた。これが、行政不服審査請求や訴訟といった争いの場に持ち込まれれば、延々と医学論争が繰り返されることになる。水俣病の初期に適切な対応がとられていなかったばかりに何十年も争いが続くのである

同じことが福島で繰り返されてはならないと思う。しかし、放射線による健康影響は何年もかかって現れることが知られており、しかもその症状の多くが非特異的疾患であれば、不毛な論議が起きるのではないかと恐れている。

四　水俣病に対する差別の現在

水俣病に対する差別に関しては、初期の伝染病説や劇症型患者のイメージによる地域からの迫害などが知られている。(石牟礼道子『苦海浄土』など)

しかし、いまなお、水俣病に関する差別と偏見は根強い。福島と重なってくる点も多いのではないかと思うので記しておこう。

認定申請を思いとどまらせる状況と差別

水俣市南部の水俣病の多発漁村に一九五四年に生まれ、育ったY子の父、S・Tは、

一九七二、三年ごろ、兄（川本輝夫さんとともに当時の患者運動のリーダーであり、チッソとの相《あい》対《たい》での直接交渉を求める闘いの中心人物）とともに認定申請しようとしたが、子どもたちに反対され、また子どもたちの結婚を考えて、認定申請を思いとどまった。まだ高校生であったＹ子らは、「見苦しい」「申請するなら家を出て行く」などと父親を説得したのである。

当時、水俣病に関する知識も持たず、多発漁村に暮らし、自らもまた水俣病に罹患していることも知らず、また知らされていなかった子どもたちは、水俣病に対する畏怖と家族に水俣病がいると知られることへの恐れから、ひたすら家族を犠牲にしてさえ認定申請に反対すると言い続けたのである。いま、Ｙ子は、自らの水俣病に気がつき、認定申請するとともに、国およびチッソを相手取った訴訟の原告団に加わっており、その当時を振り返り、悔やんでも悔やみきれない思いにかられている。

Ｙ子が、そのことを悔やむようになったのは、水俣病罹患を知り認定申請するに至ったからばかりとはいえない。むしろ、訴訟に加わる過程で、水俣病患者がおかれた位置についての自覚と認識が明確になってきたためである。自らをそのようにさせてきたチッソや行政への怒りがこのような悔悟の意識を持つに至らしめたのである。

また、同年代で隣町の漁村に生まれたＮ子、Ｋ子姉妹の父はチッソに工員として勤務していた。この父は新日窒労組の組合員であり、水俣病訴訟を支援し、また、組合員の健康調査なども積極的に担当していた一人であった。組合員の健康調査の過程で本人にも水俣病の症状があったことが確認されている。しかし、同氏はチッソに勤務していることを理由に在職中はもとより退職後も認定申請することのないまま二〇〇二年死去した。妻もまた、家訓のように同家で語られていた水俣病認定申請しないという決めごとを守り続けたが、二〇一四年の春、まわりの勧めもあってようやく認定申請した。そのような家庭で育った二人の姉妹は後に訴訟に加わるのであるが、自らが水俣病に罹患していることも知らず、まして認定申請を行うことなど思いもよらなかったのである。

そのように仕向けてきたのは誰であったか。水俣地域においては、水俣病に認定申請することは、とりもなおさずチッソに歯向かうことであり、紛争状態に入ることを意味し、またそのように理解されていた。

「風評被害」という名の水俣病差別　内なる差別の一端

水俣病に対する偏見差別が、具体的に記録されることは少ない。なかでも水俣市内や汚染地域内で水俣病患者たちが経験する差別は、ことの性格上記録にはなかなか残らない。とはいえ、まれに報道されることがある。

二〇〇六年十一月十四日の熊本日日新聞は「『水俣病報道で風評被害』／旅館経営者ら県に支援要望」という記事を掲載した。水俣には海岸沿いに湯の児温泉という戦前から知られた老舗の温泉街があり、海の幸や太刀魚釣りなどをセールスポイントにしている。近年、熊本県内のみならず九州各地で温泉観光開発が進んでいることもあり、観光客が減少している。その一方、水俣での環境学習をテーマにした修学旅行などが増えつつあるものの湯の児旅館街の衰退は明らかであった。

二〇〇六年は水俣病発生公式確認五十年の年であり、また訴訟をはじめとする水俣病患者の運動が再燃したこともあって、地元紙のみならず全国紙やテレビでも報道がなされていた。そのことを気にして、旅館経営者らが、このような報道によって水俣が水俣病の町であると悪く印象づけられ、観光客・宿泊客が減少したのは、水俣病という「風評被害」のせいであると訴えたである。

県知事および県議会宛てに提出された陳情書には、「水俣病を正確に伝えて欲しい」「水俣病問題の早期解決」などといった要望も掲げられているが、熊本県に対する陳情の趣旨は、温泉旅館らも「水俣病の被害」を受けているのだということなのであった。また、水俣病という病名が、水俣という町に悪印象を与え、住民が差別されるので改名して欲しいという旧来からの要望も改めて主張されている。それにしても、この要望は、水俣病は迷惑であるとはっきり言ったようなものであった。ここに水俣病差別の現在像があるといえるだろう。

水俣病の町ということで、水俣市の印象が悪くなるのとでも言うのであろうか。水俣病という地名を冠した病名により水俣市が差別されるのであろうか。まず、水俣病患者たちがどのような思いでこれらの言葉を受け取るのかということを考えてみればすぐに分かることであるが、患者差別の如実な現れと理解する必要があるのではないか。

水俣病の町ということで水俣の印象が悪くなるという人々は、水俣病被害者・患者の存在に思いをいたしているのであろうか。水俣病が起きているといわれることで、水俣の町の印象が悪くなるという語り口の裏には、水俣病が起きていなければよかったのにという考えと同時に、厳然として存在する患者達がいなければ、あるいは彼らが静かにしていればよかったのに、という考えが透けて見えるのではないだろうか。

これが、現在の水俣の住民意識の一つであることはたしかなのである。

また、病名変更という議論は三十数年前から、正確に言えば一九六八年、厚生省が水俣病をチッソが引き起こした公害病であると認定して以来、繰り返しあらわれてきている。はっきり言えば、水俣病という公害病がマイナスのイメージしか持たないからこそ、水俣病迷惑論、風評被害論、病名変更の主張が出てくるのであろう。これを広島や長崎と重ね合わせてみたらどうだろうか。

水俣病差別発言事件「水俣病、さわるな」：水俣病に対する外なる差別

二〇一〇年六月五日から六日にかけて開催された水俣市内のA中学校と熊本県内の他地域のB中学校の、サッカーの練習試合においてB中学校生徒による水俣病に対する差別発言があったと地元各紙で報道された。

ゲームの途中、両校生徒が接触したところB中学校生徒が水俣から来た生徒に対して「触るな水俣病」と暴言を吐いたと言うものであった。じつは、このようなことははじめてでも稀な出来事でもなく、これまで繰り返し起きていたが、今回は珍しく各紙が報道した。

こうした発言は、水俣病が感染するわけでもなく、なんらの根拠もなければ事実に基づくものでもない偏見に基づくものであるが、問題はそれにとどまるものではない。この事件の核心は、このような発言が誰に向けられているものなのかということである。

直截に言えば、水俣市民全体に向けられているのではなく、水俣病患者そのものに向けられているものなのである。水俣病でもないのに水俣病という誤解を受けたということではない。水俣病が、汚く、忌避すべきものという観念こそが問題とされなければならない。水俣病に関して無知であるということではなく、水俣病を正しく理解していないことこそが問われるべきである。

このような水俣の外からの差別は、先に見た内なる差別へと転化する。このような発言が繰り返される度に、水俣病被害者たちは怒りと諦観をもって対処する他ないのだろうか。

（なお、この事件については、発言したとされる中学生の一人はとても傷ついていたが一部の学校教師たちがていねいにフォローし、水俣病患者との面会も果たし、無事学業を終えることができた。）

五　福島と水俣の経験：大震災と原発事故

ここまで述べてきて少し気になるのは、安易に水俣病の教訓として水俣病被害と原発事故を重ね合わせることは、社会運動的には理解し得ても、見えるべきものを見えなくさせる、つまり原発事故の本質を見えなくする恐れがあるのではないかということである。水俣病は、一私企業が引き起こしたものであった。もちろん、被害拡大を防止しなかったり被害者の補償や救済に関する国の責任が大きいとはいえ、である。それに対して、福島原発事故は、東京電力という半ば公的な企業の事故とはいえ国家ぐるみで推進してきた原発開発の一つの帰結である。根幹には人命の軽視、いのちを大切にせず自然への冒瀆であるという点に関しては、公害事件や原発に関わらず、多くの開発政策の根底において共通するところだ。とはいうものの、経済が人命より優先される近代文明という議論に回収されてはならないと思う。というのも、水俣病、原発事故は先に述べたように共通点は多いが、一歩掘り下げてみると当然のことながら多くの点において相違が見えるからである。ここをネグレクトしてしまっては、本質を見失うかもしれない。

水俣病と原発事故の持つ多様な側面

水俣病そのものは、公害に起因する健康破壊であるが、それを生み出した機序は社会的政治的性格を有する。加えて補償問題、被害者に対する差別、被害の広がり、漁業という生業の在り方と魚の流通など多様な側面を持っている。その多くがまだまだ未解明だ。

いっぽう、原子力開発と原発推進は、すでに多くの指摘がなされているように、ことの当初から国家政策として展開されてきた。非核三原則を固持している日本においても、核の潜在的抑止力のために原発を保持するという主張は何も新しくはないし、国家政策の根幹に位置するものであって、国家安全保障政策に関わることである。また電力会社は、民間企業であるが、公共サービスを独占的にになう特殊な企業であり、チッソとは異なる。

原発事故で分かったことは、原子力に関わる国家政策そのものが問われているということであった。国民の総意として認められるのは、事故は起こしてはならない、というところにとどまり、原子力を必要とするかどうか、停止している発電所を再稼働するかどうか、そうした議論に踏み込めば、さまざまな対立軸が見えてくる。

慢性長期健康被害と次世代への影響

放射線被曝によって引き起こされる健康被害は、長期の経過をたどる。原子爆弾による大量被曝のような場合は直後から健康被害が見える場合が多いのに対して、今回の事故のような場合、浴びた放射線量によってさまざまであるが、多くの場合、何年後かにがんの発生率が高くなったり甲状腺異常などが現れてくるといわれる。

水俣病においては、初期の劇症型の患者が現れ健康被害が明確になった。それがことの始まりだった。それ以降も、多数の健康障害を持つ人々が現れてくるが、それはそもそも調査されていないことが原因であった。水俣病においては胎児性水俣病という先天異常があるが、これは胎内における有機水銀被曝であって、遺伝ではない。

放射線被曝による健康被害は、がんであれ、甲状腺異常であれ、非特異的な疾患であって、その病気の症状だけを診て、疫学的条件を見なければ、それが放射線によるものかそうでないかは判断がつきにくいであろう。加えて、放射能汚染がなお進行中であり、内部被曝の恐れがなお続いているのであるから、事故直後から長期にわたる追跡調査が必要になる。

ところで、水俣病をめぐっては、公害は胎児性水俣病のような悲惨な子どもたちを生み出す、だから公害は許されるべきではないという告発がなされていた。さらに熊本の水俣病に十年遅れて新潟で第二の水俣病が発生したとき、新潟県衛生部および保健所は、熊本の胎児性水俣病を繰り返さないことを狙って、妊娠可能世代の女性に対しての妊娠規制や妊娠していた女性への中絶を勧めた。障害のある子どもは産まれない方がいいという主張につながる。福島原発事故後も、同様の考えが生まれつつあろう。障害があってもなくても共に暮らすことのできる社会作りが必要なところであるが、この点については別に記したことがあるのでここではこれ以上立ち入ることはしない。(花田昌宣「水俣病被害史と原発事故――水俣、福島、そして障害者」季刊『福祉労働』一三二号、現代書館、二〇一一年)

おわりに　水俣学：水俣病の「教訓」と未来への展望

改めて、何故水俣病が起き、国内外で繰り返し、しかも今日なお、問題が続いているのか、水俣病の「負の遺産」とは何かを考えてみよう。「水俣病の教訓を活かして」とよくいわれるのだが、私はとても大きな違和感と抵抗感を持っている。私は、先にも述べたようにいまなお「負の遺産」が作り続けられていると思う。潜在する被害者は、比較的若い世代を中心になお膨大な数に上ると推測される。私は教訓という言葉は、終わった事件に対して使う言葉であると考えている。

水俣学とは、水俣病という医学研究の学問でもなければ、水俣病事件の過去だけを研究する学問でもない。現在の課題と歴史をふまえて、さまざまな学問分野の壁を越えて、水俣病の負の経験を将来に活かすことを追求している。それは、研究者や専門家だけの手によってなされるものではない。私たちは「専門家」とはむしろ現場にいる人々だと考えている。病気のことを一番知っている人は患者本人であり、漁業の専門家は漁師である。地域住民の中には自らの足で調べ、驚くほどの知見を持つ人がいる。このような民衆知を、アカデミズムの装いをまとった科学論争・医学論争の尺度をもって切り捨ててはならない。研究者はこれらの人々から学び、調査研究を行い、その成果を地域に還元すること、これが水俣学の基本である。

水俣病の教訓が仮にあるとすれば、それは失敗の歴史から学ぶということにほかならない。水俣病は終わることなき現在進行中の事件である。そして、過ちはなお続いているといわざるを得ず、その中で抗う人たちがいる。

原田正純氏が「水俣病は鏡である」と述べ、水俣病の中から、社会のあらゆる問題が見えてくると述べていた。それは、民衆知が剔抉する個別の課題の中から普遍を見るということであり、水俣病という負の遺産を将来に活かすということなのである。それはまた福島にも通底していえることだろう。

参考文献

熊本学園大学水俣学研究センター編『水俣からのレイトレッスン』（水俣学ブックレット9）熊本日日新聞社、二〇一三年五月
花田昌宣「56年を経た水俣病：水俣学の新たな取り組み」『シーダー』七号、総合地球環境研究所編、昭和堂、二〇一二年
花田昌宣「3・11と5・1：原田先生と水俣学」『環』五一号、藤原書店、二〇一二年
花田昌宣「水俣病被害史と原発事故――水俣、福島、そして障害者」『福祉労働』一三二号、現代書館二〇一一年
原田正純・花田昌宣編著『水俣学講義』第一集〜第五集、日本評論社、二〇〇四―二〇一三年
原田正純・花田昌宣編著『水俣学研究序説』藤原書店、二〇〇四年

放射能に追い出された双葉町の健康調査と放射能汚染
―水俣学の視点から

中地重晴

東日本大震災による環境汚染

筆者は、今回の東日本大震災による環境汚染問題は三つの課題があると考えている。一つは津波に罹災した工場からの有害物質の流出による環境汚染、二つ目は解体工事に伴うアスベストの飛散、三つ目は東京電力福島第一原子力発電所の放射能漏れ事故による放射能汚染である。被害の程度ということであれば、三番目の課題が最も深刻であるが、住民の健康を考えると、東日本大震災からの復旧、復興を考える際に、前二つの問題も取り組む必要がある。

震災からの復旧、復興作業の中で、国や自治体が後回しにする課題に取り組むことは、市民や研究者の身軽さがあってこそできるものだといえる。筆者は、以前から化学物質やアスベストに関して、共同研究や調査を実施してきた東京在住の関係者とともに、震災後二年間は月一回程度被災地域に入り、調査に取り組んだ。ページの都合で本書では触れないが、関心のある方は調査結果報告(1)(2)(3)をご覧いただきたい。

3・11東日本大震災から早四年が経過した。被災地は少しずつ復興への歩みを進めているが、福島第一原発の事故により、高濃度の放射能汚染で汚染された地域に居住していた約十万人の住民は、強制避難した状態が続いている。国は、住民の帰還を進めるべく、避難指示解除準備区域の除染作業を行っているが、居住制限区域では、めどは立たない。年間一ミリシーベルトを超える地域では、除染作業に伴う被曝労働、住民の被曝による健康影響を考え、帰還を止める決断をするべき時が来たと考える。高濃度放射能汚染との向き合い方を水俣学の視点から考えてみる。

筆者の放射能汚染への取り組み

二〇一一年三月十四日、調査に訪れていたバンコクのホテルの衛星放送で、福島第一原発三号機の爆発映像を見ながら、「たいへんなことになったな、市民向けに放射能汚染測定が必要になる」と考えた。

筆者は、一九八八年に市民のための環境調査機関として、環境監視研究所を設立した際に、チェルノブイリ原発事故直後で、輸入食品の放射能汚染が社会問題になっており、食品の放射能汚染測定器を関西の市民からのカンパで購入し、十年近く測定した経験を持つ。また、一九九一年から三回、ベラルーシを訪問し、チェルノブイリ汚染地域の調査や支援活動に取り組んだ経験がある。

タイからの帰国直後、京大原子炉実験所の小出先生を訪ね、今回の事故の深刻さを聞き、以前使っていた放射能測定器の中で、寿命で使えなかった部品を手配し、放射能測定器の整備に着手した。五月半ばには、筆者が代表を務める有害化学物質削減ネットワークの事務所（東京都江東区）

で、市民向けの放射能汚染測定を開始した。開始直後に、神奈川県小田原のお茶の葉から高濃度の放射能汚染を確認した。以来、主に、関東近辺の有機農業生産者からの依頼で測定[4]を実施してきた。また、その後、全国各地で市民測定所が開設[5]され、精度よく測定するための技術的な支援、標準線源の提供や学習会の開催などを行ってきた[6]。有害化学物質削減ネットワークと東京労働安全衛生センター合同で、事故直後から二か月に一回のペースで、福島第一原発事故情報共有学習会を開催し、二十二回を数えている。

避難した双葉町への支援

二〇一一年の年末ごろから、ＳＡＦＬＡＮ（福島の子どもたちを守る法律家ネットワーク）からの相談で、双葉町に内部被曝を測定するホールボディーカウンターを寄贈することに関わった。双葉町は井戸川克隆町長（当時）の判断で、避難所や町役場の機能を埼玉県加須市に移したため、福島県からの支援が他の双葉郡内の町村ほど届かない傾向にあったので、町独自で内部被曝の検査機器を保有していなかった。二〇一二年五月に、美空ひばり財団の協力を得て、簡易な椅子式のホールボディーカウンターを贈呈することができ、適切な支援だったと考えている。

それ以降、放射線による健康問題のアドバイザーとして、双葉町に協力してきた。岡山大学大学院生命科学研究科の津田敏秀氏、頼藤貴志氏、広島大学医学部の鹿嶋小緒里氏と共同で、双葉町の町民の健康状態を把握するための疫学調査を実施した。

調査の目的は、福島第一原子力発電所事故により、避難住民の中に健康影響への不安が募っている現状がある、一方、福島県では、福島県立医科大学を中心として、「県民健康管理調査」（現在は「県民健康調査」と改称されている）が行われてきたが、さまざまな問題点が指摘されていた。

それで、県民健康管理調査ではカバーされていないと思われるさまざまな症状や疾患の罹患を把握すること、比較対照地域の設定をしっかりと行うことを通して、どのような健康状態が被曝や避難生活によるものかを疫学的に評価・検証することを目的に調査を行った。

福島県双葉町、宮城県丸森町筆甫地区、滋賀県長浜市木之本町の三か所を調査対象地域とし、事故後一年半が経過した二〇一二年十一月に質問票調査を行った(7)。木之本町の住民を基準とし、双葉町や丸森町の住民の健康状態を、性・年齢・喫煙・放射性業務従事経験の有無・福島第一原子力発電所での作業経験の有無を調整したうえで、比較検討した。

主観的健康観に関しては、調査時点では、木之本町に比べて、双葉町で有意に悪く、逆に丸森町では有意に良かった。さらに、調査当時の体の具合の悪い所に関しては、さまざまな症状で双葉町の症状の割合が高くなっていた。双葉町、丸森町両地区で、木之本町よりも有意に多かったのは、体がだるい、頭痛、めまい、目のかすみ、鼻血、吐き気、疲れやすいなどの症状であり、鼻血に関して両地区とも最も高い比率（オッズ比）を示した。

3・11以降発症した病気の中で、木之本町よりも双葉町で有意に多かった病気は、肥満、うつ病やその他のこころの病気、パーキンソン病、その他の神経の病気、耳の病気、急性鼻咽頭炎、胃・十二指腸の病気、その他の消化器の病気、その他の皮膚の病気、閉経期又は閉経後障害、貧血・血液であった。

また、両地区とも木之本町より多かった病気は、その他の消化器系の病気であった。治療中の病気も、糖尿病、目の病気、高血圧症、歯の病気、肩こりなどの病気において双葉町で多かった。さらに、神経精神的症状を訴える住民が、木之本町に比べ、丸森町・双葉町両地区において多く見られた。

今回の健康調査による結論は、震災後一年半を経過した時点でもさまざまな症状が双葉町住民では多く、双葉町・丸森町ともに特に多かったのは鼻血であった。特に双葉町ではさまざまな疾患の多発が認められ、治療中の疾患も多く医療的サポートが必要であると思われた。

主観的健康観は双葉町で悪く、精神神経学的症状も双葉町・丸森町で悪くなっており、精神的なサポートも必要であると思われた。これら症状や疾病の増加が、原子力発電所の事故による避難生活、または放射線被曝によって起きたものだと考えられた。

宮城県丸森町は、福島県境に接しており、福島原発事故による放射能汚染地域であり、住民には、放射能汚染に関するストレスがかかっており、双葉町民と同様の健康被害が出てきたと考えられた。

時間の止まった警戒区域・双葉町を訪問

二〇一三年三月、警戒区域（当時。同年五月に帰還困難区域に指定変更）に指定され、立ち入りが禁止されていた双葉町内に、公益立ち入り調査という名目で、訪問が許可された。その時点では、常磐高速道路は閉鎖されていて、国道四五号線から通行できず、富岡町の福島第二原発の前の検問所で、身分証明書を提示して本人確認を受けたうえで、区域内への立ち入りが認められた。

タイベックス（使い捨てのつなぎの作業着）に着替えて、マスク、手袋などで完全装備し、積算線量計が手渡され、外部被曝量も記録と報告が義務付けられていた。自動車で警戒区域の中に入れたが、区域外に出るときに、車や体の表面線量を検査し、放射能汚染のないことの確認が必要だった。

双葉町内では、約四時間の滞在中、人っ子一人出会わなかった。大地震のあった翌日、一号機の水素爆発直後から、全町民に避難指示が出され、その日のうちに、強制的に避難したために、街のあちこちで倒壊した家屋が手つかずに放置されていた。道路も凸凹があったり、倒壊した建物がふさいでいたりしており、所々で通行できなかった。交差点では交通事故を避けるためか、信号が点灯していたが、一般家屋には電気が来ていなかった。当日は町民の立ち入りがなかったため、人気は全く感じられず、出会ったのは警備のためのパトカーと工事用のトラックが一台だけだった。あと会ったのは、野良猫が一匹だけ。

写真１　人気のない双葉町の中心部

人気がなく、静まり返った町は不気味な感じがした。二十二年前の夏にチェルノブイリ原発事故で、街ごと強制避難した原発で働く労働者の住宅のあったプリピャチの街を訪れた時以来の不思議な光景（写真１～３）に出合った。

除染した土壌の中間保管場所の候補地だと言われている双葉町のスポーツ公園のあった場所や高濃度の汚染地域、海岸沿いの津波被害のあった場所、ＪＲの双葉駅、厚生病院や双葉町役場など、町の主要な場所を見学して回った。

写真２　高濃度汚染されていた山田地区

写真３　双葉厚生病院の入り口

鉄筋の建物の多くは、地震の揺れでは倒壊せず、外見はそのまま残っていた。木造家屋は、屋根瓦が落下しているものや、半壊、全壊状態のものも見受けられた。二〇一一年三月十二日から時間が止まった状態で、そのまま放置されている異様な光景だった。一部の家屋では、一時帰宅制度を利用して、住人が屋内の清掃や片づけをしに帰っていると聞いていたが、車内からではよくわからなかった。

双葉町の空間線量について

双葉町は福島第一原発の北側に位置し、五号機、六号機があった。原発に隣接する双葉工業団地や双葉総合公園では、空間線量は年間に換算して一〇ミリシーベルト程度で、避難指示解除準備区域に相当する程度だった。ここらあたりが、除染作業で出た汚染土壌の中間保管施設の候補地だという説明を受けた。

その後、内陸部の石熊地区に行った。原発の北西に位置し、その延長線上で飯館村の高濃度汚染地域につながっていくところでは、空間線量は一六マイクロシーベルト／時あった。年間になおすと一四〇ミリシーベルト程度に相当し、帰還困難区域に指定される。隣接する山田地区では、最高一〇〇マイクロシーベルト／時、半日滞在するだけで一ミリシーベルトの外部被ばくを受けるという非常に高いホットスポットを経験した。

よく言われる、国が設置しているモニタリングポストと近傍の空間線量の違いだが、確かにモニタリングポストが新しくなっていて、地面はコンクリートで舗装されているか、新しい敷石に代わっていて、どこも持参した線量計よりは二、三割は低い値を示した。

ＪＲ双葉駅周辺のかつての街の中心部、繁華街に行ったが、かなり線量は低く、一マイクロシーベルト／時だった。また、海岸沿いの津波で家屋が流出して更地のようになっているところでは、〇・三マイクロシーベルト／時で、年間一ミリシーベルト程度と、同じ双葉町内でも、線量には大きなばらつきがあるということを実感した。

海岸線の比較的空間線量の低い地域は、避難指示解除準備区域に指定され、護岸や防波堤の修復工事ができるようになっているが、こうした空間線量の低い地域を除染して、住民を帰宅させたとしても、電気、水道、ガスや病院、商店など生活するために必要な町としてのインフラ機能が回復しないのであれば、到底生活を続けることはできないと感じた。

改めて、今回の福島第一原発事故の恐ろしさと、高濃度汚染地域の帰還は到底無理であると考えた。

放射能汚染が止まらない福島原発

福島第一原発事故は、収束するどころか、汚染が継続している。当初一号機から四号機の建屋にたまった高濃度汚染水は約一〇万トンといわれたが、二〇一一年春から汚染水の処理量は、二〇一五年一月八日現在で、約一一三万六〇〇〇トン。汚染水処理装置の稼働率は低く、日量四〇〇トンの地下水が流入し、汚染水は増加する一方である。二〇一四年末で、原発建屋内に溜まった高濃度汚染水の量は約六・三万トン、原発敷地内には八六六基のタンクが建設され、処理水約六七万トンが貯蔵中で、処理水タンクの貯蔵率は八二％と満杯寸前である。現地を視察した田中俊一原子力規制委員長が、「タンク製造工場と言ってもいいぐらいだ」と指摘するくらいに厳しい状況が続いている。

二〇一三年五月に発覚した処理水タンクからの汚染水漏れは、同年九月には国際的に新たなレベル3の事故として認識されるようになった。

国は、汚染水の増加を防ぐために、井戸を掘削、地下水を汲み上げ、直接海に放流するバイパス化を実施しているが、五〇トン程度流入量が減少しただけで、その効果は薄い。一方、一号機～四号機の周辺を凍土による遮水壁で囲い、地下水の流入を防ぐ工事が計画されたが、試行的に実施されたトレンチの閉鎖が凍土遮水壁ではできず、セメントを流し込むことでなんとか止水することができた。東京電力の計画の甘さ、実効性が疑われている。

今回の凍土遮水壁の計画は、電力を使って、凍土を製作し、遮水するという世界で実施されたことのない対策案であった。廃炉対策費用は国が負担するため、電力消費は東電の利益につながる。

転んでもただでは起きない資本の論理の中で、凍土遮水壁という荒唐無稽な計画が検討され、そのため、一年以上汚染水対策が遅れる結果になった。凍土遮水案を許可した原子力規制委員会と東電の責任は重いと感じている。

処理費用（すなわち国民の税金）の浪費をなくし、無用な労働者の被曝を避けるためにも、廃炉計画を抜本的に見直し、チェルノブイリ原発と同様に、一旦セメント固化し、放射能濃度が下がるまで長期間閉鎖し、廃炉作業を先送りしたほうがよいということを、強調しておきたい。

高濃度汚染地域の放棄の決断を

国は、強制的に避難させた半径二十キロメートルの警戒区域と計画的避難区域については、線量によって、避難指示解除準備区域、居住制限区域、帰還困難区域の三か所に分け、年間五ミリシーベルト以下を目安に、住民の帰還をめざすとしているが、本来、そのレベルは放射線管理区域に相当し、飲食や十八歳以下の労働の禁止、個人積算線量計による被曝管理が義務付けられている。子どもが生活することなど考えてはいけないレベルである。

除染作業は、汚染土壌の中間貯蔵施設の建設にめどが立たず、思うように進んでいない。山や森を除染することは到底できず、長期にわたって高濃度の放射能汚染は残り続ける。セシウム１３７の半減期は三十年なので百分の一になるのには三百年はかかる。我々が生きている間に、汚染地域を一般人にあたえられた年間一ミリシーベルトの被曝に抑えることは困難である。高濃度汚染地域については、帰還を断念し、東京電力にきちんと補償させるという決断をする時期に来ていると考えている。

美味しんぼ騒動の危険性

二〇一四年五月初め、雑誌「ビッグコミックスピリッツ」（小学館）に連載された漫画『美味しんぼ』をめぐって、世論が二分された。主人公の山岡記者が福島第一原発に取材に行った後、鼻血が出たという描写を通して、放射能汚染の問題を訴えた。低線量での被曝では症状は出ず、風評被害を引き起こすと福島県、双葉町などが抗議声明を出し、休載に追い込まれた。言論の自由とは何か、社会問題に発展した。前述したように、筆者は双葉町等の疫学調査を通じ、避難者の健康状態が悪化していることを確認しているが、国（環境省）や福島県は低線量被曝による健康被害は存在せず、放射能とは無関係と言いたいようだ。美味しんぼ騒動では、東京新聞を除く新聞各社が国の意見に同調した。

その背景には、原発再稼働のための世論誘導があるのではないか、反対する意見を事前に封じ込めるための言論統制ではないかと考えざるを得ない。

福島県下の子どもの甲状腺がんが増加

同様に、福島県が実施している県民健康調査の中で、子どもたちの間に甲状腺がんが増加しているという事実がある。震災時に十八歳以下であった子ども全員を対象に甲状腺検査が続けられた結果、二〇一三年八月二十四日の中間報告では、全県下約三十万人の子どもに対する甲状腺検査の結果（六月三十日現在の暫定値）、がんの疑いのあるC判定の子どもが百四人見つかった。がんと確定したものが五十七人、良性は一人だった。

チェルノブイリ事故後、小児の甲状腺がんが増加したことは確かな事実である。今まで、日本では、子どもの甲状腺がんの発症率は百万人に一人か二人、ヨウ素131の被曝量も少なく、甲状腺への影響はないと言われていたが、検査の結果、異常所見が多く見られた。

これに対して、福島県の県民健康調査の評価委員会の専門家は、スクリーニング効果と断定し、原発事故との因果関係を否定している。エコー検査（超音波診断）の機械の進歩で、微細な結節やのう胞を検出できるようになったこと、今まで、健康な子どもの甲状腺検査は実施されておらず、異常所見者の発症率は推定されておらず、こうした検査の実施による有所見が発見されたことが原因であるとしている。

双相地域からの避難者、ついで、福島市や郡山市周辺居住者の有所見率が会津地域よりも高いことを考慮すれば、原発事故による被曝の可能性があり、起きている事態からきちんと因果関係を検討するのが科学者の対応だと考える。加えて、事故から三年後、二巡目の甲状腺検診で、二〇一四年十二月には、四人の子どもから甲状腺がんが見つかったことが報告されている。このことは、福島第一原発事故による影響が現実になってきたと考えざるを得ない。福島県の県民健康調査評価委員会や国の専門家会議は、原発事故の影響ではないと否定的な見解をとり続けている。あくまでも結論ありきの対応は問題だと考える。

はかどらない除染作業

そうした中で、国は強制的に避難させた半径二十キロメートルの警戒区域と飯館村等高濃度汚染された計画的避難区域については、外部被曝線量によって、避難指示解除準備区域、居住制限区域、帰還困難区域の三か所に分け、年間二〇ミリシーベルト以下の地域では、年間五ミリシーベルト以下まで除染することを目安に、住民の帰還をめざすとしている。しかし、除染作業が思うようにはかどらず、帰還のめどは全く立っていない。

従来から、ＩＣＲＰ（国際放射線防護委員会）の勧告に従って、日本では、一般人に適用される被曝限度は年間一ミリシーベルトとしてきた。福島原発事故後、緊急事態だとして、大幅に緩和して、年間五ミリシーベルトを目安に設定した。

本来なら、年間五ミリシーベルトを超える外部被曝線量の場所は、原子炉等規制法や放射線障害予防規則によって、放射線管理区域に指定され、飲食や十八歳以下の労働の禁止、個人積算線量計による被曝管理が義務付けられている。子どもが生活することなどあってはいけない放射能汚染レベルに相当する。

今回の福島原発事故で放出され、土壌汚染した放射能は主にセシウム１３４と１３７（放出割は一対一）である。セシウム１３４の半減期は二年であり、現時点では三割位に減少している。セシウム１３７の半減期は三十年と長く、ほとんど減少していない。両方を合わせて、二〇一一年三月より四割程度減少している。除染作業によって空間線量率が六割程度減少したとされているが、そのほとんどは自然減衰であり、除染作業によるものではないことを押さえておく必要がある。

現在実施されている除染作業は宅地とその周辺のみしか行われず、山や森は除染されないため、除染しても一、二か月後には、風雨で飛散し、空間線量率が元に戻るという地域が多い。電気や水道、商店や病院などのインフラ整備が進まないため、避難指示が解除されても、元の居住地域に戻る人が少ない。

放射能の除外規定解除と環境法体系の変更

国は、従来の放射性物質の除外規定をはずし、環境中に放出された放射能に関して、一般の化学物質と同じように規制すると方針転換し、二〇一二年六月に環境基本法等を見直したが、具体的な規制は始められておらず、無法状態にあるといえる。

日本において、原子力の平和利用と称して、原発の建設や核燃料サイクルの確立をめざした動きは一九六〇年代初頭から始まった。その中で、放射性物質（放射性同位元素）は、化学物質として扱わず、あくまでも放射性物質として、原子炉等規制法や放射線障害予防規則などの原子力法規の中で、規制されてきた。

一方、化学物質の規制については、放射性物質を除くというただし書き（除外規定）を付けたうえで、環境基本法を最上位にして、大気汚染防止法や水質汚濁防止法などで規制されてきた。水俣病を引き起こした水銀やイタイイタイ病の原因物質のカドミウム、四日市ぜんそくを引き起こした硫黄酸化物や窒素酸化物など、人体に有害な物質ごとに、排出基準や環境基準濃度が定められ、規制されてきた。廃棄物及び清掃に関する法律でも廃棄物とは放射性物質を除くものについて、焼却や埋め立てなどの処理方法が定められていた。

環境基準の決め方として、発がん物質の場合は、毎日一定量を摂取すると仮定して、生涯発がん確率が十万人に一人増加する濃度を環境基準とし、その基準を達成することが可能な濃度として、排出基準が定められ、工場等の規制が行われてきた。

廃棄物処理法では、放射性物質を除くとされていたが、原発からの廃棄物を処理する際、全てを放射性物質として管理するには、莫大な量になるので、原子炉建屋のコンクリートがらなどは放射性物質を含まないレベルということで、一〇〇ベクレル／kgをクリアランスレベル、一般の廃棄物として処理できる濃度として目安が定められた。

そのルールに従って、東海第一原発では廃炉作業が進められてきた。

3・11以後の無秩序状態

3・11の福島原発事故によって環境中に放出された放射能によって深刻な汚染が引き起こされた。宮城県や岩手県のがれきの広域処理や関東各県の焼却灰や下水道汚泥などに放射性物質が含まれており、どの濃度レベルであれば一般の廃棄物として焼却や埋め立てができるかが問題になった。

前述した一〇〇ベクレル／kgのクリアランスレベルで設定すれば、関東各県の焼却灰や下水道汚泥のほとんどが、放射性物質として取り扱わなければならなくなり、とてもできないことから、非密封線源の濃度（セシウムで一万ベクレル／kg）を超えないために、八〇〇〇ベクレル／kgを超えなければ、一般廃棄物として最終処分、埋め立てができるとされた。八〇〇〇ベクレル／kgを超えたものは指定廃棄物として、宮城、茨城、栃木、群馬などの各県に一か所（国有地）に、特別に設置する指定廃棄物最終処分場に埋め立てることが計画された。

栃木県の矢板市と茨城県の高萩市に候補地が決められ、住民の反対運動が起こり、計画は白紙撤回された。昨年三月、国はこの指定廃棄物最終処分場の候補地を国有地に地方自治体の所有地を加えて、検討しなおすと候補地の枠を広げた。栃木県は新たに塩谷町の国有地を指定廃棄物の候補地に指名したため、地元住民の反対運動が活発化している。宮城県では、候補予定地として、栗原市、香美町、大和町の三か所での調査が計画され、知事は調査に同意したが、地元住民が反対している。指定廃棄物の最終処分場予定地を決められない状態が続いている。

この非密封線源として管理しなければならない放射性物質の濃度は管理区域内（年間五ミリシーベルトを超える場所）で処理し、厳格に放射線被曝量を管理しなければいけないものである。汚染土壌や廃棄物をどう処理するのか、抜本的に検討しなおすことが必要だと考える。

水俣病の教訓から福島をどう考えるのか

最後に、水俣病などの公害事件を経験したにもかかわらず、今回の原発事故で同じような過ちを繰り返していることを指摘したい。

一番の過ちは、科学技術に対する過信が事態を深刻化させ、加害者の責任をあいまいにさせていることだと考えられる。千年に一回の津波を想定せず、今回のような致命的な放射能汚染を引き起こしたにもかかわらず、想定外の津波を理由に、責任の所在が国、原子力委員会と東電との間で、あいまいにしようとしていることである。特に科学技術の進歩のためにも、事故の原因究明はしっかりとすべきである。国の調査委員会、国会の事故調査委員会、第三者委員会、東電と四つの事故調査報告書が出ているが、一長一短があり、事故の真相を究明したとは言い難い。事故を起こした四基の原発は地震動で損傷を受けたかどうか、その被害の程度を明らかにすべきであるが、四者の報告書では、どこも明確にできていない。

この点が解明されないので、真相を隠そうという意図の中で、放射能汚染に対する市民への情報提供、情報公開も不十分のままである。この点に関しては、国も東電に対し、きちんとした監督を行っているとは言い難い状況である。そのため、汚染者負担の原則による被害者への補償が不十分であり、多くの強制的な避難者は経済的に困窮する状態におかれたままである。自主的に避難した人たちも同様に定職に就くことができず、苦しい生活を送っているものが多い。

水俣病は事件発生から約六十年を経て、二回にわたる国の救済策が行われても、すべての被害者に補償ができているとはいい難い。補償を求める訴訟が続いている。今回の福島第一原発事故では、百年単位で放射能汚染と付き合わざるを得ず、問題解決に向けた長い道のりを今後も歩み続けなくてはならない。水俣病事件、被害者への補償のあり方を検証し、二度と同じ過ちを起こさないように、国と東京電力にすべての強制避難者や自主的な避難者への補償をきちんと行うように、世論を形成することが重要であると考える。それが水俣病の教訓だと考える。

参考文献

（1）中地重晴「水俣学の視点からみた福島原発事故と津波による環境汚染」、『大原社会問題研究所雑誌』六四一号、p.1－19、二〇一三年

（2）日本産業衛生学会震災関連石綿・粉じん等対策委員会「東日本大震災にみる石綿・粉じんなどによる環境と対策・課題」報告書、二〇一三年五月

（3）東京労働安全衛生センター『東日本大震災後の被災地におけるアスベストの状況と対策』二〇一三年三月

（4）小泉英正『土と生きる　循環農場から』岩波新書、二〇一三年

（5）市民測定所ネットワークリストは以下の通り。
http://shimin-sokutei.net/list/all.html

（6）中地重晴「市民による放射能汚染測定とリスクコミュニケーションの課題」『第1回環境放射能除染研究発表会要旨集』p.38、二〇一二年

（7）調査結果は、SAFLAN（福島の子供たちを守る法律家ネットワーク）から公表されている。低レベル放射線曝露と自覚症状・疾病疾患の関連に関する疫学調査―調査対象地域3町での比較と双葉町住民内での比較、二〇一三年九月
http://www.saflan.jp/info/870

（8）東京電力のホームページのURLは
http://www.tepco.co.jp/nu/fukushima-np/f1/genkyo/index-j.html

【執筆者紹介】
花田昌宣　熊本学園大学水俣学研究センター長、社会福祉学部福祉環境学科教授。京都大学大学院経済学研究科修了。社会政策学専攻。著書に『水俣学講義』（編著、日本評論社）、『水俣学研究序説』（編著、藤原書店）など
中地重晴　熊本学園大学水俣学研究センター事務局長、社会福祉学部福祉環境学科教授。京都大学工学部卒。環境化学専攻。著書に『水銀ゼロをめざす世界：水銀条約と日本の課題』（熊本日日新聞社）、『市民のための環境監視』（アットワークス）など
炭谷　茂　恩賜財団済生会理事長、環境福祉学会副会長，ソーシャルファームジャパン理事長，元環境事務次官。東京大学法学部卒。著書に『環境福祉学入門』（環境新聞社）、『環境福祉学の理論と実践』（環境新聞社）など。
東　俊裕　弁護士、熊本学園大学社会福祉学科教授、元内閣府参与、障害者制度改革推進会議室担当室長。中央大学法学部卒。障害者福祉・障害法専攻。著書に『障害者の権利条約と日本：概要と展望』（生活書院）『障がいと共に暮らす：自立と社会連帯』（放送大学教育振興会）など。
下地明友　熊本学園大学水俣学研究センター研究員、社会福祉学部福祉環境学科教授。熊本大学医学部卒。精神医学専攻。著書に『文化精神医学序説：病い・物語・民族誌』（共著、金剛出版）、『精神医学を再考する：疾患カテゴリーから個人的経験へ』（アーサー・クラインマンの翻訳、みすず書房）など

【写真】中地重晴

熊本学園大学・水俣学ブックレット　No.13

いのちをつなぐ　―水俣、福島、東北―

2015（平成27）年3月30日　発行

編著　花田昌宣・中地重晴
発行　熊本日日新聞社
編集　熊本学園大学水俣学研究センター
〒862-8680　熊本市中央区大江2丁目5番1号
TEL 096（364）5161〈代表〉
制作・発売　熊日出版（熊日サービス開発㈱出版部）
〒860-0823　熊本市中央区世安町172
TEL 096（361）3274
表紙デザイン　ウチダデザインオフィス
印刷　シモダ印刷株式会社

ISBN978-4-87755-513-9 C0336

患者に寄りそった笑顔の人 — 原田正純先生。

原田正純追悼集
この道を—水俣から

熊本日日新聞・熊本学園大学水俣学研究センター 編著
A5 判／ 488 頁／定価：本体 2,800 円＋税

原田先生が水俣病と出会って 50 年余。

先生が亡くなってあらためて存在の大きさと眼差しの深さに気付く。

幼き日の戦争体験をはじめ、日ごろ目に付きにくい雑誌などに書かれた先生の原稿を集めたほか、ゆかりの人たちの追悼、年譜、著作一覧などを収録した。

■発刊記念 DVD 付
原田正純先生インタビュー ～ NHK 番組
「100 年インタビュー」（平成 24 年 6 月 20 日放送）より～
映像提供：NHK・NHK エンタープライズ

心とからだに聴く話

原田正純 著
四六判／ 304 頁／定価：本体 1,300 円＋税

水俣病研究に大きな足跡を残された故・原田正純氏が地元金融機関の社内報に連載した医学エッセー。

ヒ素中毒から不眠、腰痛など医学全般にわたり、一般の方にわかりやすく解説。原田先生の笑顔が浮かぶエッセー集です。